高等职业教育系列教材　机电专业系列

U0150846

PLC、变频器和触摸屏实践教程

（第三版）

主　编　陈亚琳　姚锡钦
主　审　狄建雄

南京大学出版社

图书在版编目(CIP)数据

PLC、变频器和触摸屏实践教程 / 陈亚琳，姚锡钦主
编. — 3 版. — 南京：南京大学出版社，2020.8
ISBN 978 - 7 - 305 - 09485 - 9

Ⅰ. ①P… Ⅱ. ①陈… ②姚… Ⅲ. ①PLC技术—教材
②变频器—教材③触摸屏—教材 Ⅳ. ①TM571.6②TN773
③TP334.1

中国版本图书馆 CIP 数据核字(2019)第 225650 号

出版发行　南京大学出版社
社　　址　南京市汉口路 22 号　　　　　邮　编　210093
出 版 人　金鑫荣

书　　名　**PLC、变频器和触摸屏实践教程(第三版)**
主　　编　陈亚琳　姚锡钦
责任编辑　吕家慧　　　　　　　编辑热线　025 - 83597482

照　　排　南京南琳图文制作有限公司
印　　刷　南京京新印刷有限公司
开　　本　787×1092　1/16　印张 14.5　字数 335 千
版　　次　2020 年 8 月第 3 版　2020 年 8 月第 1 次印刷
ISBN 978 - 7 - 305 - 09485 - 9
定　　价　39.80 元

网址：http://www.njupco.com
官方微博：http://weibo.com/njupco
微信服务号：NJUyuexue
销售咨询热线：(025) 83594756

项目一　机床滑台控制

一、项目描述

　　组合机床是按系列化、标准化、通用化原则设计的通用部件以及按加工的工艺要求设计的专用部件所组成的高效专用机床。有的机床配有滑台,滑台一般会由三相异步电动机驱动其往复运动,还根据工艺要求在不同的位置安装限位开关或传感器以实现不同的动作要求。本任务以某专用机床的滑台控制为例,要求使用PLC控制并编写程序实现控制要求。

二、准备单

　　见表1-1。

表1-1　准备单

序号	设备	参数	数量	备注
1	计算机	安装有西门子TIA Portal V14	1	
2	PLC	S6-1214C DC/DC/DC	1	配网线
3	信号模块	SM 1223/DI8×24V DC,DQ8×RLY	1	
4	直流电源	AC220V/DC24V/5A	1	
5	按钮	1开1闭	4	
6	限位行程开关		4	
7	交流接触器	AC10A/220V	2	
8	热继电器	2 A	1	
9	小型断路器	10 A	1	
10	三相异步电动机	90 W	1	
11	导轨	35 mm	1	
12	导线	0.75 mm^2	20	

三、控制要求

如图 1-1 所示,某机床滑台由三相异步电动机 M 拖动,根据加工要求,滑台在原点限位 SQ1、终点限位 SQ2 间自动往返运行。

初始状态,滑台停在原点,压下原点限位 SQ1。

按下起动按钮 SB1,电动机 M 正转,拖动滑台向终点运行,当到达终点,压下终点限位 SQ2 时,电动机 M 切换为反转,拖动滑台向原点运行;当到达原点,压下原点限位 SQ1 时,电动机停止。系统在原点外加装有原点超程限位 SQ3,终点外加装有终点超程限位 SQ4,当滑台超过原点或终点未停止而到达超程限位点 SQ3 或 SQ4 时,滑台电动机立即停止。

滑台运行中按下停止按钮 SB2,滑台电动机立即停止。

控制系统设有点动运行按钮 SB3、SB4,当滑台不在原点时,可按下点动运行按钮 SB3 或 SB4,将滑台运行至原点或终点。系统设有必要的过载、过流、短路保护。

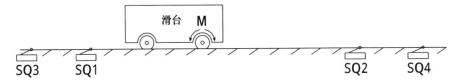

图 1-1　机床滑台示意图

四、电气线路图

图 1-2 为主电路电气原理图,主电路是典型的三相异步电动机正反转电路;图 1-3 为 PLC 输入端子图,输入信号有按钮 SB1～SB4、限位行程开关 SQ1～SQ4 以及电动机热过载信号 KH(常闭);图 1-4 为输出端子图,输出信号有两个,分别为正转的线圈 KM1 和反转的线圈 KM2,需要注意的是为了防止两相短路事故,在输出电路上需要将两个线圈进行电气联锁。

五、PLC 参考程序

如图 1-5 所示,电动机未处于热过载保护的情况下 KH 触点是处于常闭状态,因此程序中 I1.0 处于闭合状态。当滑台在 SQ1 位置(SQ1 压合、I0.1 闭合)按下起动按钮 SB1,则程序中 I0.0 触点闭合,Q2.1 线圈得电自锁,外部电路中接触器 KM1 线圈得电,滑台电动机正转拖动滑台向右移动。同时 Q2.1 的常闭触点断开对 Q2.2 的线圈进行程序上的联锁、KM1 的常闭触点断开对 KM2 线圈进行电气联锁。

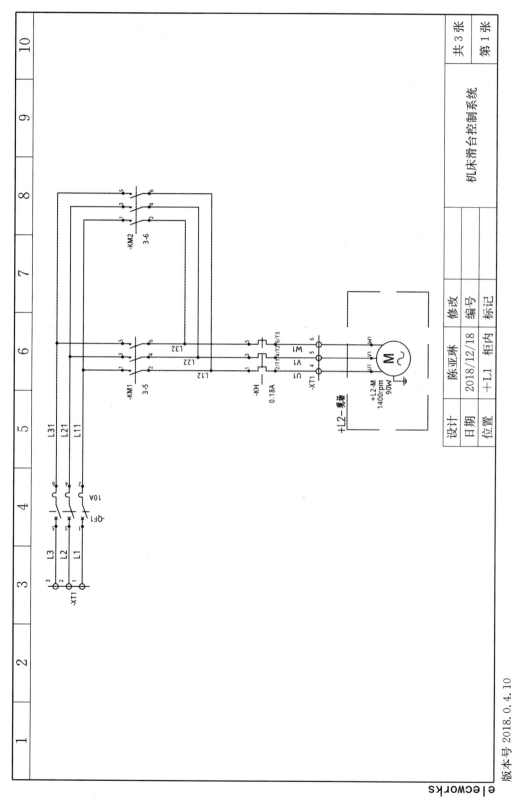

图1-2 电气主电路图

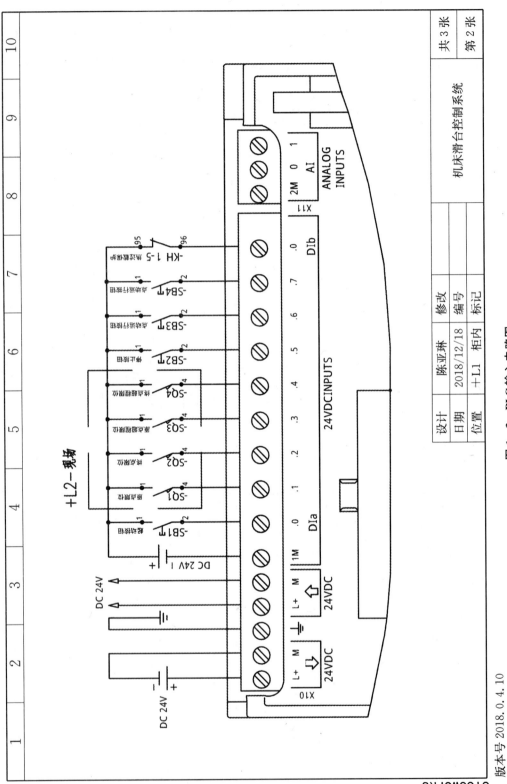

图 1-3 PLC 输入电路图

版本号 2018.0.4.10

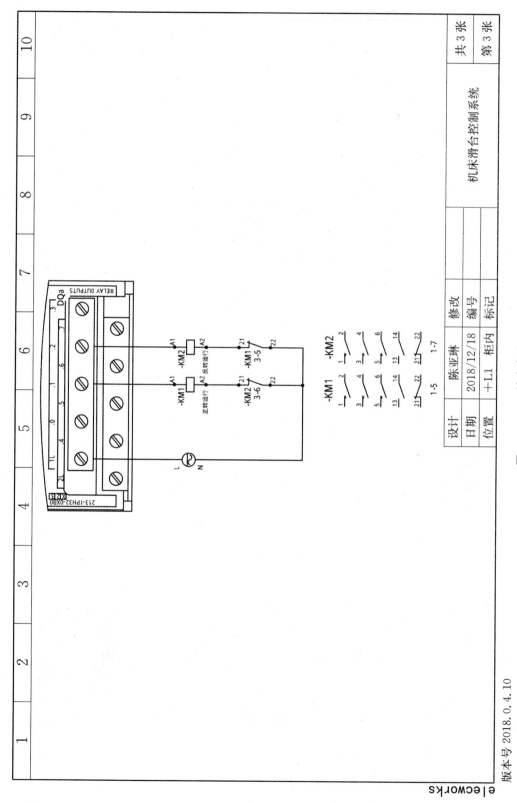

图 1 - 4 PLC 输出电路图

版本号 2018.0.4.10

elecworks

当滑台移动到 SQ2 位置时,SQ2 被压下:

(1) 程序中 I0.2 常闭触点断开,线圈 Q2.1 断电且解除自锁,Q2.1 常闭触点解除对 Q2.2 的联锁,接触器 KM1 线圈断电、电动机停转、滑台停止向右移动,KM1 常闭触点恢复闭合解除对 KM2 的联锁。

(2) I0.2 常开触点闭合,线圈 Q2.2 得电自锁,接触器 KM2 线圈得电、电动机反转驱动滑台向左移动,Q2.2 的常闭触点断开对 Q2.1 的线圈进行程序上的联锁、KM2 常闭触点断开对 KM1 进行电气联锁。

当电动机热过载保护起作用时,I1.0 触点变为断开,程序上不管是 Q2.1 还是 Q2.2 线圈均断电解除自锁,接触器 KM1 和 KM2 均断电、电动机停转、滑台停止移动。

当滑台因其他原因导致超程(SQ1 或 SQ2 没起到限位作用)时,SQ3 和 SQ4 就起到保护的作用,SQ3 或 SQ4 被压下时 I0.3 或 I0.4 的触点就变为断开,程序上 Q2.1、Q2.2 线圈均断电解除自锁,滑台停止移动。

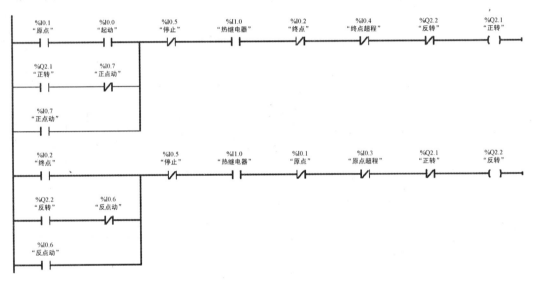

图 1-5　PLC 参考程序

六、知识链接——跟我学 TIA Portal

双击桌面博途图标如图 1-6 所示。进入博途平台后创建新项目或打开现有项目,弹出门户视图如图 1-7 所示,图中"1"为不同任务的门户,"2"为所选门户的任务,"3"为所选操作的选择面板,"4"为切换到项目视图。

图 1-6　博途桌面图标

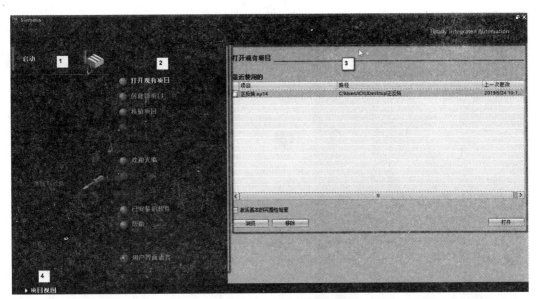

图 1-7　门户视图

点击建立新项目,此时弹出组态控制设备如图 1-8 所示。

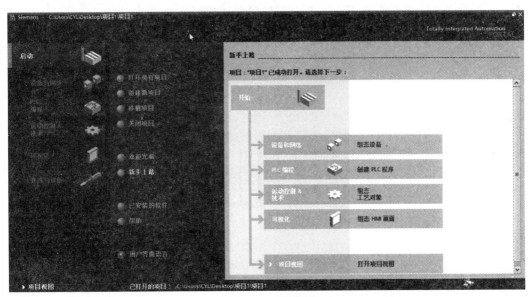

图 1-8　设备组态

选取所使用的 PLC 型号，精确到版本号如图 1-9 所示。

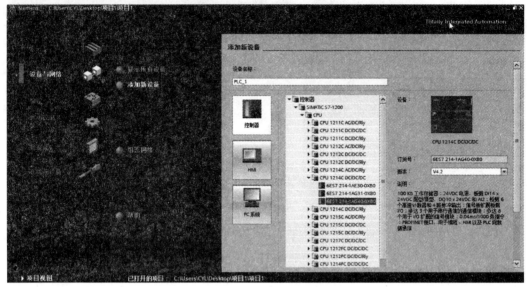

图 1-9 PLC 选型

组态使用的扩展模块，包括信号板、信号模块等如图 1-10 所示。

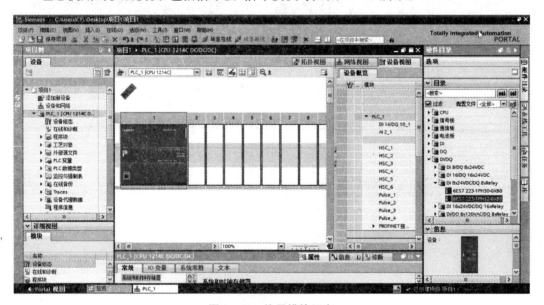

图 1-10 信号模块组态

配置硬件的属性，包括更改定义 I/O 地址等，如图 1-11 所示。图 1-11 中"1"为菜单和工具栏，"2"为项目浏览器，"3"为工作区，"4"为任务卡，"5"为巡视窗口，"6"为切换到门户视图，"7"为编辑器栏。

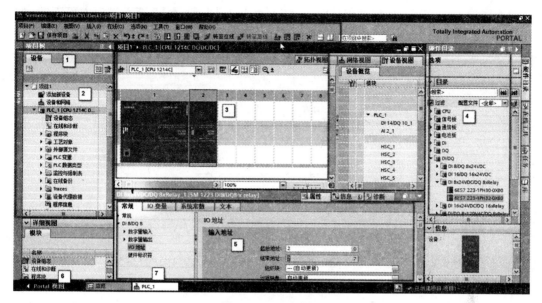

图 1 - 11　项目视图

由于这些组件组织在一个视图中,可以方便地访问项目的各个方面。例如,巡视窗口显示了用户在工作区中所选对象的属性和信息,当用户选择不同的对象时,巡视窗口会显示用户可组态的属性,巡视窗口包含用户可用于查看诊断信息和其他消息的选项卡。编辑器栏会显示所有打开的编辑器,从而帮助用户更快速和高效地工作,要在打开的编辑器之间切换,只需单击不同的编辑器。

打开程序块,编写 PLC 的梯形图,打开右侧指令树中相关指令双击即可,编辑指令的相关地址,如图 1 - 12 所示。

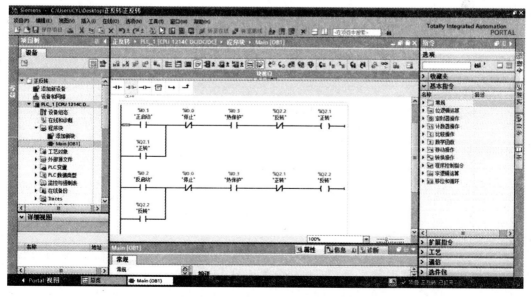

图 1 - 12　PLC 程序编写

程序输入后,对项目(包括硬件组态、PLC 程序)进行编译,直至无错误方可下载,如图 1-13 所示。

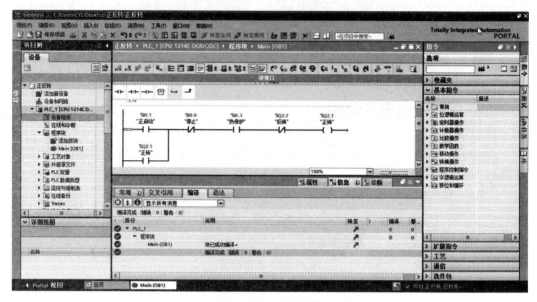

图 1-13　项目编译

配置编程下载用计算机的 IP 地址,要和 PLC 在同一局域网,IP 地址不能冲突,如图 1-14 所示。

图 1-14　计算机网络配置

在 PLC 下载界面,计算机与 PLC 网络配置正确,PLC 电源打开,单击"开始搜索",则会搜索到在线的 PLC,并在"在线目标设备"中显示出来,单击"下载"即可,如图 1-15 所示。

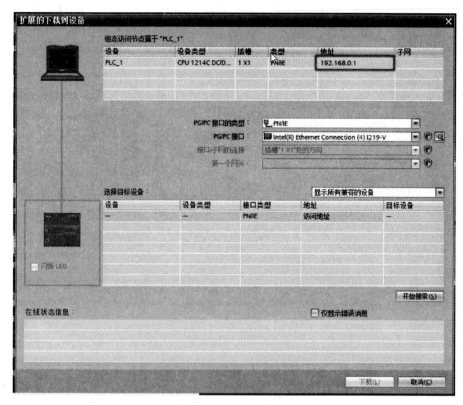

图 1-15　项目下载

在弹出的下载前检查对话框中勾选相关项,单击"下载",如图 1-16 所示。

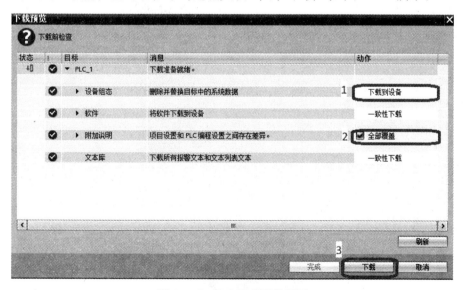

图 1-16　PLC 程序下载界面

PLC 程序下载时,需要选择"全部停止",如图 1-17 所示。

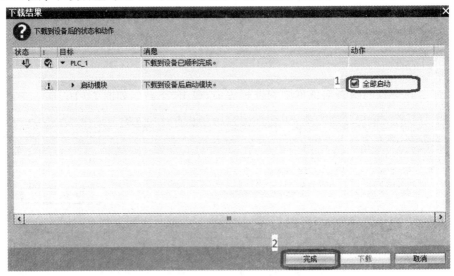

图 1-17 下载选项

PLC 程序下载后应勾选"全部起动"然后单击"完成",如图 1-18 所示。

图 1-18 PLC 程序下载后的运行选项

七、项目录入视频

扫一扫见"机床滑台控制"视频

三相异步电动机星三角起动控制

一、项目描述

三相异步电动机如果直接接入三相 380 V 满额电压,直接带负载起动,起动电流会达到额定电流的 5～7 倍,电流大扭矩当然也会很大,但是一般的场合用不着这么大的起动扭矩,反而这样起动会对电网和变压器冲击很大,如果变压器容量不足,会造成 380 V 电源波动很大,影响了其他设备的运行,而且这种全压直接起动方式对电动机本身和其他设备都会有损害,因此大功率三相异步电动机起动,都要考虑降压来起动,降低电压就是降低了起动电流,这样虽然扭矩会降低一点,但是一般都可以满足使用要求的,星三角是最常用的降压起动模式,通过降低起动时候的电压来降低了起动时候的电流,避免对电网和用电设备的冲击,星型起动 3～5 s 后再切换为三角形运行。

二、准备单

见表 2-1。

表 2-1 准备单

序号	设备	参数	数量	备注
1	计算机	安装有西门子 TIA Portal V14	1	
2	PLC	S6-1214C DC/DC/DC	1	配网线
3	信号模块	SM 1223/DI8×24V DC,DQ8×RLY	1	
4	直流电源	AC220V/DC24V/5A	1	
5	按钮	1 开 1 闭	2	
6	接触器	线圈 DC 24 V	3	
7	热继电器	2 A	1	
8	小型断路器	10 A	1	
9	三相异步电动机	90 W(△接法)	1	
10	导轨	35 mm	1	
11	导线	0.75 mm²	20	

三、控制要求

某工业现场风机由一台 22 kW 三相异步电动机拖动,电机额定为 △ 接法,为减小起动电流,电机需要使用 Y-△ 降压起动。

按下起动按钮 SB1,电动机以 Y 型起动,3 s 后切换为 △ 接法运行。

按下停止按钮 SB2,电机立即停止。

系统设有必要的过载、过流、短路保护。

四、电气线路图

图 2-1 为主电路电气原理图,其中 KM1 和 KM2 主触头闭合时,三相电动机绕组接成 Y 形、降压起动;KM1 和 KM3 主触头闭合时,三相电动机绕组接成 △ 形、全压运行。图 2-2 为 PLC 输入端子图,本项目共需三个输入信号,分别为起动按钮 SB1、停止按钮 SB2 和热过载保护信号 KH。图 2-3 为 PLC 输出端子图,本项目共有三个输出信号,分别是接触器 KM1、KM2、KM3 的线圈,注意由于 KM2 和 KM3 线圈不能同时得电,需要进行电气联锁。

五、PLC 参考程序

如图 2-4 所示,在热过载保护未动作的时候,KH 常闭触点保持闭合、PLC 程序中 I0.3 常开触点闭合。此时按下起动按钮 SB1,PLC 程序中 I0.0 触点闭合,Q0.0 线圈得电自锁、KM1 线圈得电;同时 PLC 程序中 Q0.1 线圈得电,Q0.1 的常闭触点对 Q0.2 线圈联锁、接触器 KM2 线圈得电,KM2 常闭触点断开对 KM3 线圈联锁。此时三相电机绕组接成 Y 形,电机进行降压起动。

PLC 程序中 Q0.0 得电的同时定时器 T0 线圈也得电开始计时,当程序设定的计时时间(3 s)到了之后,T0 的常闭触点断开,Q0.1 线圈断电、KM2 线圈断电,Q0.1 常闭触点恢复闭合解除对 Q0.2 的联锁、KM2 常闭触点恢复闭合解除对 KM3 的联锁;T0 的常开触点闭合,程序中 Q0.2 线圈得电、接触器 KM3 得电,Q0.2 常闭触点断开对 Q0.1 线圈联锁、KM3 常闭触点断开对 KM2 线圈联锁,此时三相电机绕组接成 △ 形,电机全压正常运行。

当按下停止按钮 SB2 时,程序中 I0.1 触点断开,Q0.0、Q0.1、Q0.2 线圈都断电,接触器 KM1、KM2、KM3 均断电、电机停止运行。

当电机热过载保护起作用时,KH 常闭触点断开、PLC 程序中 I0.3 触点断开,Q0.0、Q0.1、Q0.2 线圈都断电,接触器 KM1、KM2、KM3 均断电、电机停止运行。

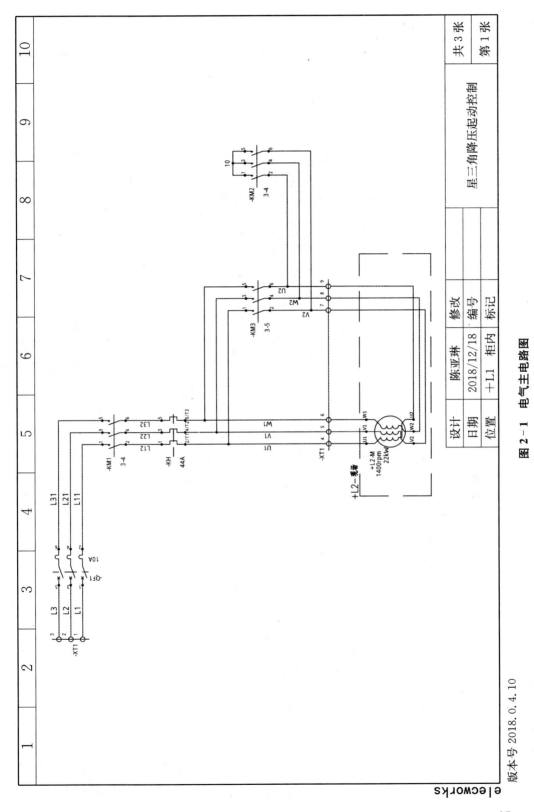

图 2-1　电气主电路图

设计	陈亚琳		修改	编号		共 3 张
日期	2018/12/18					第 1 张
位置	+L1	柜内		标记		星三角降压起动控制

版本号 2018.0.4.10

elecworks

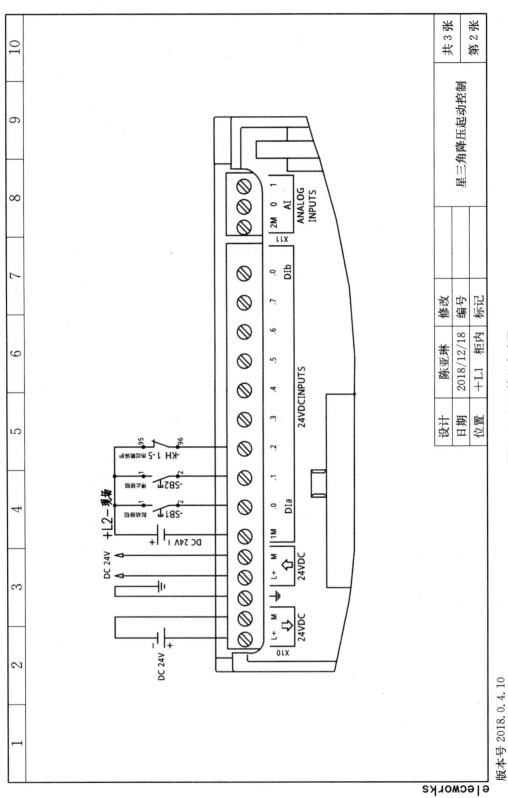

图 2 - 2 PLC 输入电路图

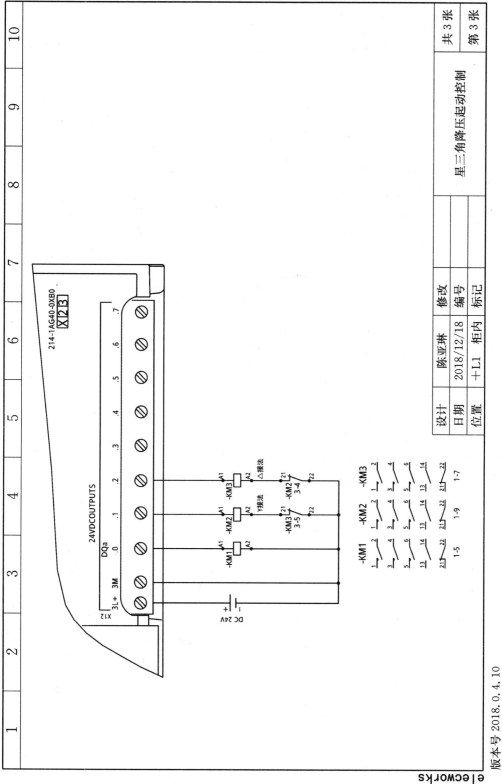

图 2-3　PLC 输出电路图

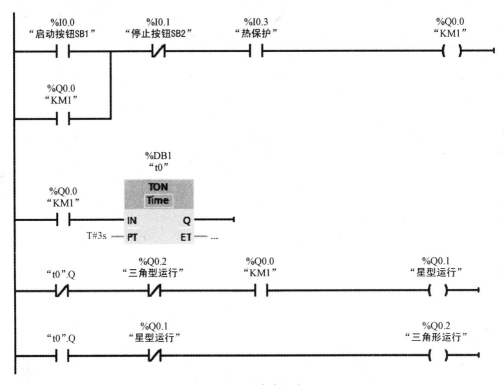

图 2－4　PLC 参考程序

六、知识链接——定时器的使用

1200PLC 定时器种类及说明见表 2－2。

表 2－2　定时器的种类及说明

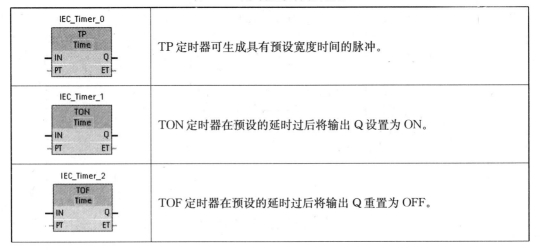

IEC_Timer_0 TP Time	TP 定时器可生成具有预设宽度时间的脉冲。
IEC_Timer_1 TON Time	TON 定时器在预设的延时过后将输出 Q 设置为 ON。
IEC_Timer_2 TOF Time	TOF 定时器在预设的延时过后将输出 Q 重置为 OFF。

（续表）

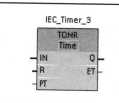	TONR 定时器在预设的延时过后将输出 Q 设置为 ON。在使用 R 输入重置经过的时间之前,会跨越多个定时时段一直累加经过的时间。

七、项目录入视频

扫一扫见"三相异步电动机星三角起动控制"视频

一、项目描述

谷物的大型仓储,运输船仓装卸料,面粉加工过程中的麦仓、粉仓,石灰、水泥等建筑材料储料仓,饲料加工设备以及禽畜自动化养殖系统的饲料仓等等装置在存储物料或进行全自动化管理及生产时,控制中心需要及时知道料仓中物料存储情况。此时可在料仓中根据存储物料的种类安装不同的传感器用来感知料仓的存料情况提供给控制器实现自动化控制。

二、准备单

见表 3-1。

表 3-1　准备单

序号	设备	参数	数量	备注
1	计算机	安装有西门子 TIA Portal V14	1	
2	PLC	S6-1214C DC/DC/DC	1	配网线
3	信号模块	SM 1223/DI8×24V DC,DQ8×RLY	1	
4	直流电源	AC220V/DC24V/5A	1	
5	按钮	1开1闭	2	
6	限位行程开关		1	
7	报警指示灯 HL1	DC 24 V	1	
8	报警铃 FM	DC 24 V	1	
9	导轨	35 mm	1	
10	导线	0.75 mm^2	20	

三、控制要求

如图 3-1 所示,某系统中有一储料仓,当物料到达上限时,上限开关 S1 闭合,此时 PLC 所带的报警灯 HL1 以 2Hz 闪烁,报警蜂鸣器 FM 响,按下复位按钮 SB1 后,HL1 变为常亮,FM 停止。物料低于下限,HL1 和 FM 为 OFF,手动测试按钮 SB2 按下时,HL1 亮,FM 鸣响,松开 SB2 测试按钮,HL1、FM 为 OFF。

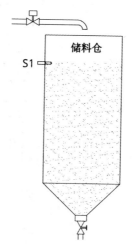

图 3-1　储料仓示意图

四、电气线路图

图 3-2 为 PLC 输入信号端子图,本项目共有三个输入信号,分别为料仓上限开关 S1、复位按钮 SB1 和手动测试按钮 SB2;图 3-3 为 PLC 输出信号端子图,本项目共有两个输出信号,分别为报警灯 HL1 和蜂鸣器 FM。

五、PLC 参考程序

当料仓中物料到达上限位时,限位开关 S1 接通、PLC 程序中 I0.0 触点闭合,辅助继电器 M10.0 被置位为"1",Q0.1 线圈因为 M10.0 触点闭合、I0.0 触点闭合及 M0.3 触点(M0.3 已经被系统定义为 2 Hz 的时钟脉冲)作用下以 2 Hz 的频率闪亮;Q0.2 线圈因为 M10.0 触点及 I0.0 触点闭合得电、蜂鸣器鸣叫。

按下按钮 SB1 后,PLC 程序中 I0.1 触点闭合,辅助继电器 M2.0 得电自锁,辅助继电器 M10.0 被复位为"0"、M10.0 断电,此时 M0.3 时钟脉冲不起作用,Q0.2 线圈在 M10.0 常闭触点恢复闭合及 I0.0 触点闭合的作用下保持常亮。

当料仓内物料低于上限位时,限位开关 S1 断开,PLC 程序中 I0.0 常开触点断开,Q0.1 和 Q0.2 线圈全部断开、指示灯 HL1 灭蜂鸣器停止鸣叫。

按下测试按钮 SB2 时,PLC 程序中 I0.2 常开触点闭合,Q0.1 和 Q0.2 线圈得电、指示灯 HL1 亮蜂鸣器鸣叫;松开测试按钮 SB2 时,PLC 程序中 I0.2 常开触点断开,Q0.1 和 Q0.2 线圈断电、指示灯 HL1 灭蜂鸣器停止鸣叫。

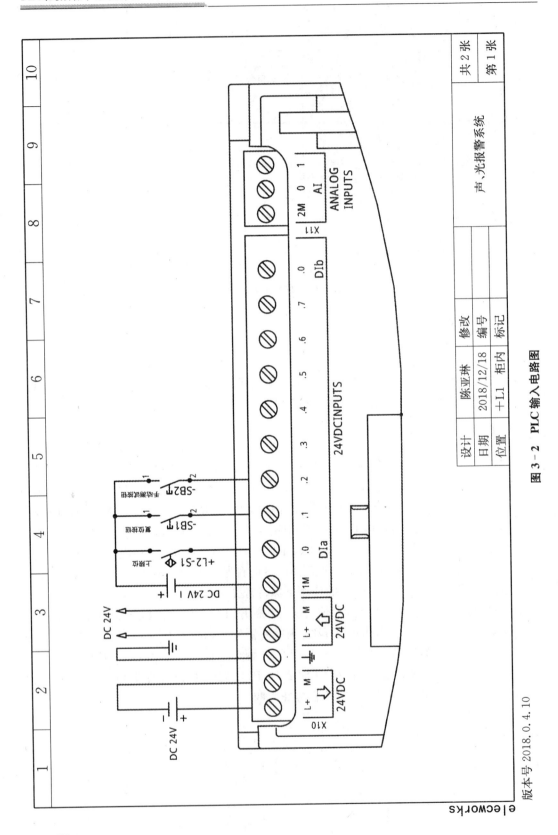

图 3 - 2 PLC 输入电路图

设计	陈亚琳	修改		共 2 张
日期	2018/12/18	编号		第 1 张
位置	+L1 柜内	标记	声、光报警系统	

版本号 2018.0.4.10

elecworks

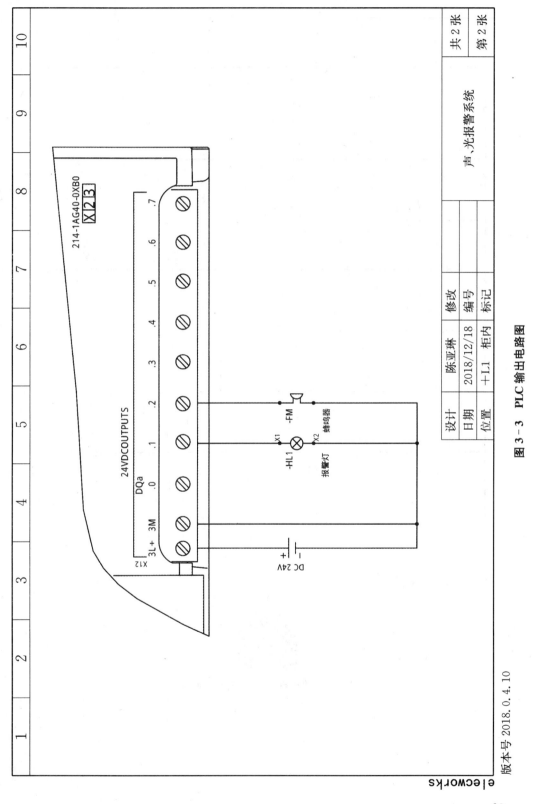

图 3-3　PLC 输出电路图

版本号 2018.0.4.10

elecworks

%M10.0
"Tag_3"

%I0.0
"上限位"

SR

S   Q

%M2.0
"Tag_1" — R1

%I0.1
"复位"

%I0.0
"上限位"

%M2.0
"Tag_1"

%M2.0
"Tag_1"

%M10.0
"Tag_3"

%M0.3
"Clock_2Hz"

%I0.0
"上限位"

%Q0.1
"报警灯"

%M10.0
"Tag_3"

%I0.2
"测试"

%M10.0
"Tag_3"

%I0.0
"上限位"

%Q0.2
"蜂鸣器"

%I0.2
"测试"

图 3 - 4   PLC 参考程序

六、项目录入视频

扫一扫见"物料过高报警控制"视频

项目四　抢答器控制系统

一、项目描述

　　市场上有许多种抢答器,但功能却各不相同,电路也形形色色,所选元件也各不相同。本项目设计了一款用 PLC 控制的抢答器,该抢答器集抢答、灯光报警功能于一身,借助较少的外围元件完成抢答的功能,且工作稳定可靠。

二、准备单

　　见表 4-1。

表 4-1　准备单

序号	设备	参数	数量	备注
1	计算机	安装有西门子 TIA Portal V14	1	
2	PLC	S6-1214C DC/DC/DC	1	配网线
3	信号模块	SM 1223/DI8×24V DC,DQ8×RLY	1	
4	直流电源	AC220V/DC24V/5A	1	
5	按钮	1 开	6	
6	指示灯 HL	DC 24 V	5	
7	导轨	35 mm	1	
8	导线	0.75 mm²	20	

三、控制要求

　　现有一个四人抢答控制系统,四个抢答人甲乙丙丁面前各有一个抢答按钮 SB1、SB2、SB3、SB4 和状态指示灯 HL1、HL2、HL3、HL4,主持人面前有一个开始按钮 SB0,一个复位按钮 SB10 和一个状态指示灯 HL0。

　　当主持人按下开始按钮 SB0,HL0 为常亮,抢答人可以开始按下自己面前的抢答按钮抢答,最先抢到的抢答人面前状态灯为常亮,其他三人则无法抢答,主持人按下复位按钮 SB10,系统复位,状态灯熄灭。

　　若主持人没有宣布开始抢答,没有按下开始按钮 SB0,抢答人违规按下面前的抢答按钮,最先抢答人面前的状态指示灯以 1 Hz 闪烁,主持人按下复位按钮 SB10,系统复位,状态灯熄灭。

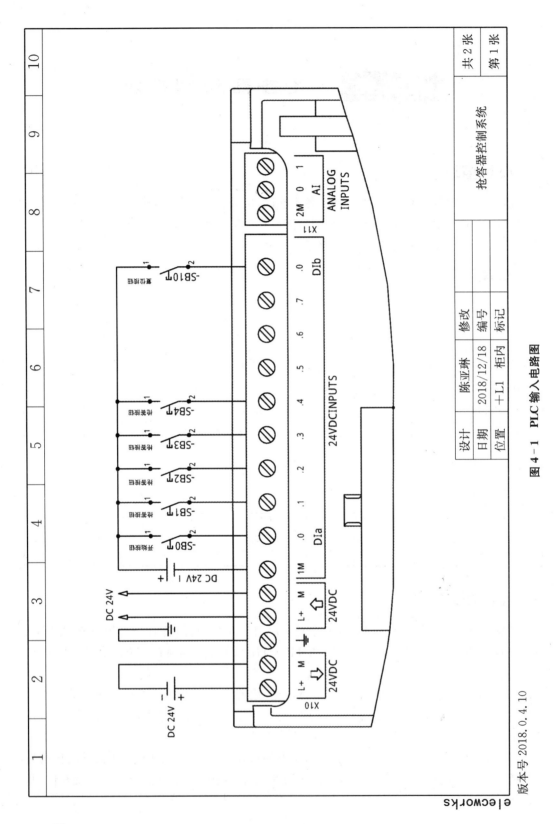

图 4-1 PLC 输入电路图

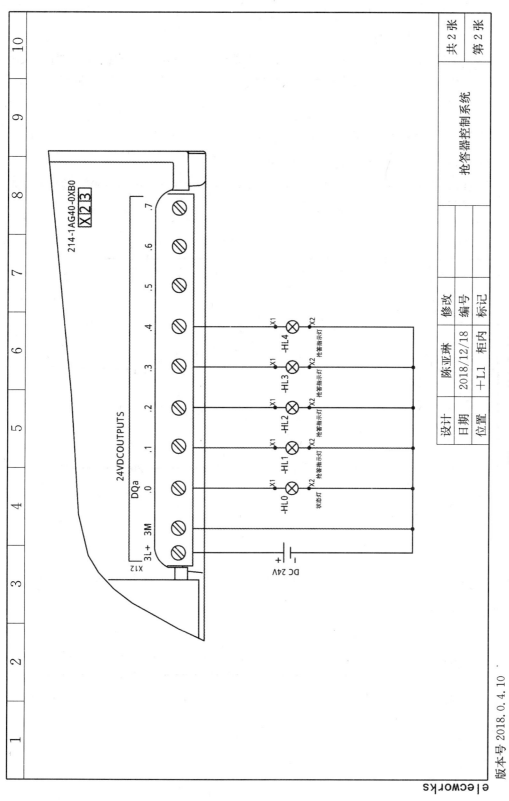

图 4 - 2 PLC 输入电路图

设计	陈亚琳	修改			抢答器控制系统	共 2 张
日期	2018/12/18	编号				第 2 张
位置	+L1 柜内	标记				

版本号 2018.0.4.10

四、电气线路图

图 4-1 为 PLC 输入信号端子图，本项目共设有四个抢答人的抢答按钮分别为 SB1、SB2、SB3、SB4，主持人的开始按钮 SB0 及复位按钮 SB10。图 4-2 为 PLC 输出信号端子图，共有四个抢答人的指示灯 HL1、HL2、HL3、HL4 及一个状态灯 HL0。

五、PLC 参考程序

以抢答时甲最先按下抢答按钮为例分析程序：

当主持人按下开始按钮 SB0 时，图 4-3 的程序中 I0.0 触点闭合、Q0.0 线圈得电自锁，HL0 指示灯常亮表示可以进行抢答。

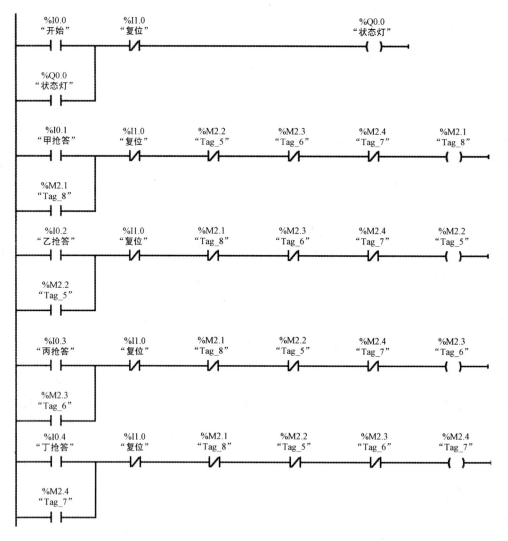

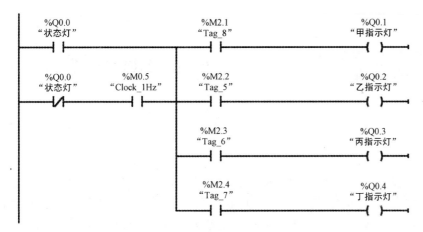

图 4 - 3　PLC 参考程序

　　如果甲最先按下抢答按钮 SB1,程序中 I0.1 触点闭合、辅助继电器 M2.1 线圈得电自锁、M2.1 常闭触点断开使 M2.2、M2.3、M2.4 线圈不能再得电,这样其他人再按下抢答按钮则不起作用;M2.1 常开触点使 Q0.1 线圈得电、HL1 指示灯亮。

　　如果甲在主持人还未按下开始按钮时就开始抢答,则 Q0.1 线圈在 Q0.0 常闭触点和 M0.5 触点(已被系统定义为 1 Hz 时钟脉冲)的作用下闪亮。

　　主持人按下复位按钮 SB10,程序中 I1.0 的常闭触点断开,Q0.0、M0.1、M0.2、M0.3、M0.4 的线圈均断开,Q0.1、Q0.2、Q0.3、Q0.4 线圈也断开,指示灯灭。

六、项目录入视频

扫一扫见"抢答器控制系统"视频

一、项目描述

在工业生产过程中,常见到用按钮点动控制电动机起停。它多适用在快速行程以及地面操作行车等场合。典型的应用就是当需要电动机工作时,按下按钮 SB,交流接触器 KM 线圈得电吸合,使三相交流电源通过接触器主触头与电动机接通,电动机便起动;当放松按钮 SB 时,由于接触器线圈断电,吸力消失,接触器便释放,电动机断电停止运行。

二、准备单

见表 5-1。

表 5-1　准备单

序号	设备	参数	数量	备注
1	计算机	安装有西门子 TIA Portal V14	1	
2	PLC	S6-1214C DC/DC/DC	1	配网线
3	信号模块	SM 1223/DI8×24V DC,DQ8×RLY	1	
4	直流电源	AC220V/DC24V/5A	1	
5	按钮	1 开	1	
6	接触器	线圈 DC 24 V	1	
7	小型断路器	10 A	1	
8	热继电器		1	
9	三相异步电动机		1	
10	导轨	35 mm	1	
11	导线	0.75 mm²	20	

三、控制要求

现有一台交流三相异步电动机,目前只有一个自复位常开按钮 SB0。根据工程需要,电动机以正转 20 s 停 5 s 然后又正转 20 s 停 5 s 持续运行。按下 SB0,电动机起动运行,再按下 SB0,电动机暂停(时间不复位),再次按下 SB0,电动机继续运行,依次类推。长按按钮 SB0 5 s,电动机停止,系统复位。

系统设有必要的过载、过流保护。

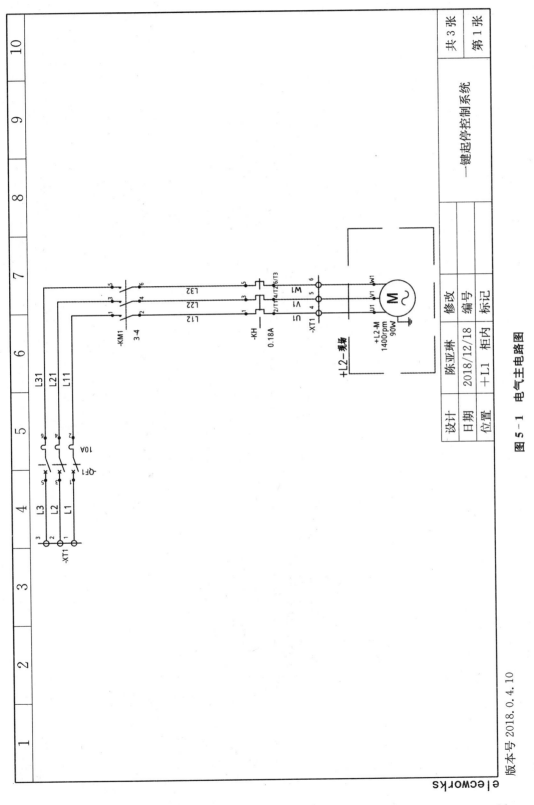

图5-1 电气主电路图

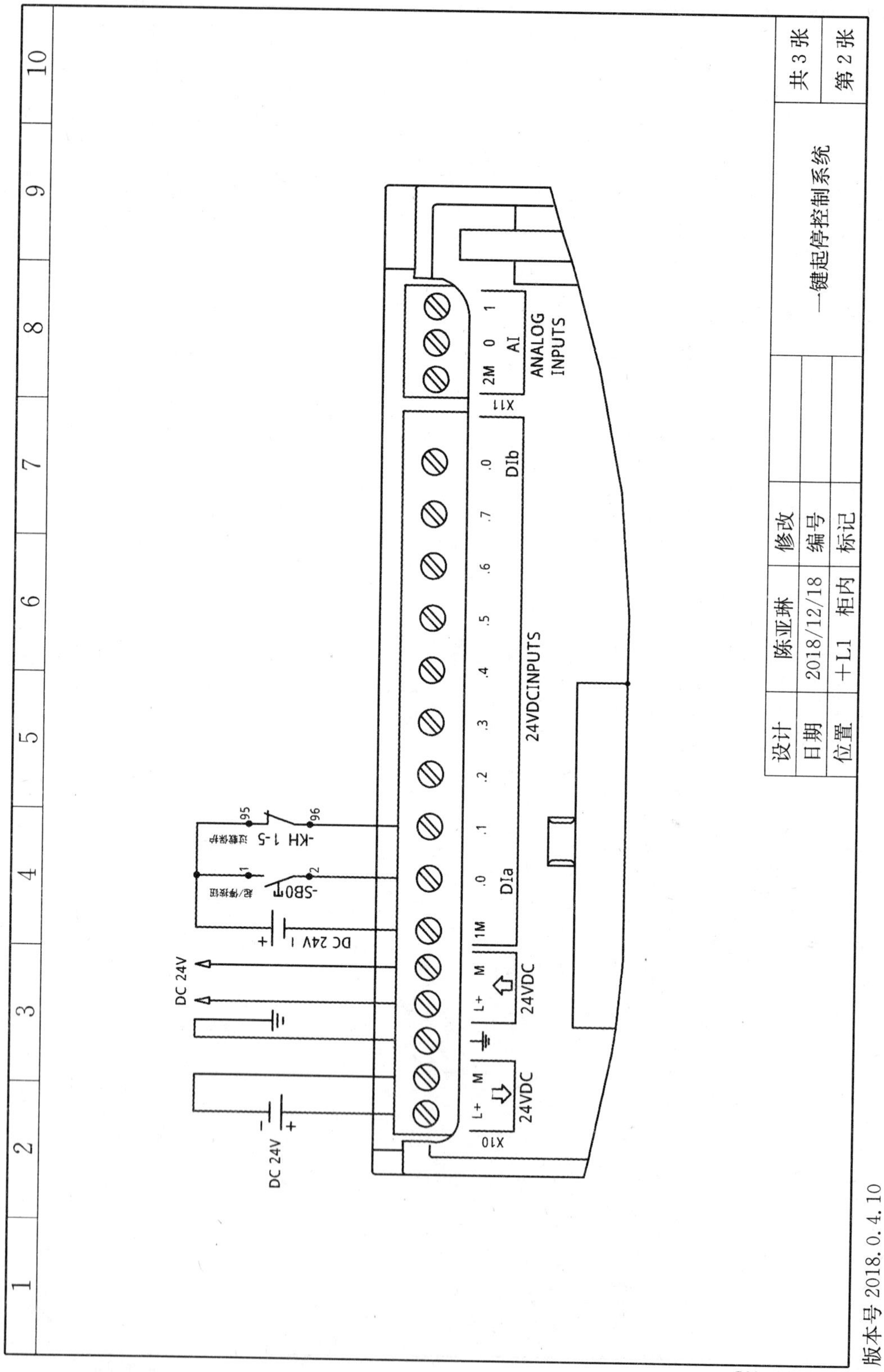

图 5-2 PLC 输入电路图

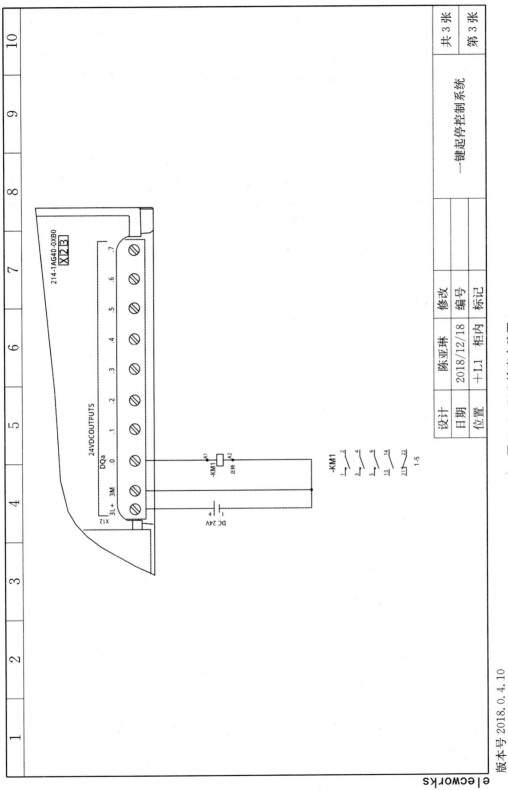

图 5-3 PLC 输出电路图

四、电气线路图

图 5-1 为电动机主电路；图 5-2 为输入信号端子图，本项目共有两个输入信号，分别是一个"起/停"按钮和一个电动机热过载保护输入信号 KH；图 5-3 为输出信号端子图，本项目仅有一个输出信号，为接触器 KM 的线圈。

五、PLC 参考程序

图 5-4 中，当按下起停按钮 SB 后（发出起动信号），I0.0 触点接通，PLC 程序中计数器 C0 的当前值增加 1（由 0 变为 1）；图 5-4 的程序中，如果在 C0 当前值为 1 的情况下再次按下按钮 SB（发出停止信号），则 C0 的当前值由 1 变为 2，此时 C0 的当前值与设定值相等、C0 的常开触点接通，计数器的当前值被复位为 0、C0 的常开触点又断开。

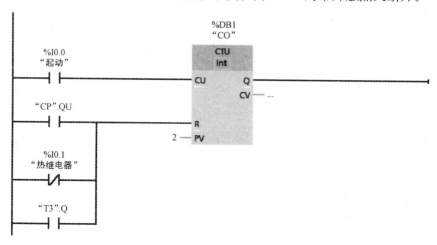

图 5-4 PLC 参考程序 1

当电机的热过载保护输入信号 KH 起作用时，I0.1 常开触点闭合，计数器的当前值被复位为 0、C0 的常开触点断开。

需要注意的是，当 T3 的常开触点闭合之后（T3 是在按钮 SB 按下时间达到 5 s 的时候闭合）计数器的当前值被复位为 0、C0 的常开触点断开。

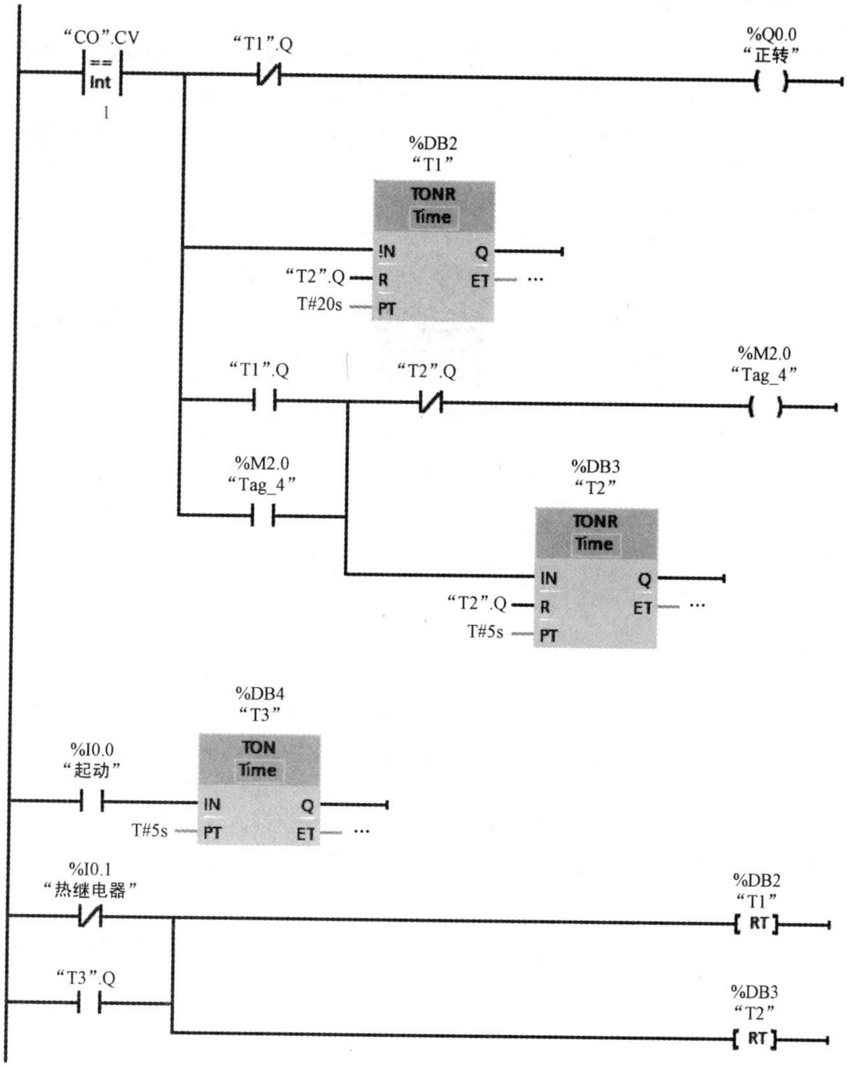

图 5-5 PLC 参考程序 2

发出起动信号后，C0 当前值为"1"，PLC 程序中比较指令的触点闭合，此时 Q0.0 线圈得电、接触器 KM 得电、电动机运行；此时保持型定时器 T1 开始延时，延时时间到了之后(定时器 T1 设定的延时时间为 20 s)T1 的常闭触点断开、Q0.0 线圈断电、接触器 KM 线圈断电、电动机停止运行；T1 延时时间到的时候 T1 常开触点闭合，辅助继电器 M2.0 得电自锁，保持型定时器 T2 线圈得电开始延时，延时时间到了之后(定时器 T2 设定的延时时间为 5 s)定时器 T1 和 T2 的当前值被复位，T1 和 T2 的常闭触点恢复闭合，Q0.0 线圈恢复得电、接触器 KM 又得电、电动机又运行。

发出停止信号后，C0 当前值由 1 变为 2 后在下一扫描周期恢复为 0，PLC 程序中比较触点断开，T1 和 T2 的线圈均断电，但是由于 T1 和 T2 为保持型定时器，当前值在定时器线圈断电时不会被复位为 0；当重新发出起动信号后，又能按照断电前的状态继续运行下去。

当按钮 SB 按下,I0.0 触点接通时,定时器 T3 开始延时,延时时间到了之后(定时器 T3 设定值为 5 s)T3 常开触点闭合,系统停止且 T1 和 T2 的当前值被复位为 0。

当点击热过载保护起作用后,I0.0 有信号,系统停止、T1 和 T2 的当前值被复位为 0。

六、项目录入视频

扫一扫见"一键控制电动机起停"视频

项目六　停车场控制系统

一、项目描述

停车场管理系统是通过计算机、网络设备、车道管理设备搭建的一套对停车场车辆出入、场内车流引导、收取停车费进行管理的系统。它通过采集记录车辆出入记录、场内位置，实现车辆出入和场内车辆的动态和静态的综合管理。

为方便实现功能，本项目仅选取停车场管理系统的一小部分内容实现。

二、准备单

见表 6-1。

表 6-1　准备单

序号	设备	参数	数量	备注
1	计算机	安装有西门子 TIA Portal V14	1	
2	PLC	S6-1214C DC/DC/DC	1	配网线
3	信号模块	SM 1223/DI8×24V DC,DQ8×RLY	1	
4	直流电源	AC220V/DC24V/5A	1	
5	漫反射光电传感器	DC24V/PNP	2	
6	指示灯 HL	DC 24 V	1	
7	接触器	线圈 DC24V	4	
8	导轨	35 mm	1	
8	导线	0.75 mm²	20	

三、控制要求

如图 6-1 所示，一简易停车场，最多可以停放 150 辆汽车，在停车场的进出口通道各安装一个漫反射光电传感器用于车辆进出检测及计数。当进出口检测到车辆时，停车场的车辆数加 1 或减 1，抬杆电机正转 10 s 停止，检测信号消失 8 s 后，抬杆电机反转 10 s 停止。

用 HL0 指示灯状态显示停车场中车辆的大概范围。停车场中车辆小于 50 辆时，HL0 为常亮，大于等于 50 辆小于 100 辆时，HL0 为亮 2 s 熄 0.5 s 闪烁，大于等于 100 辆小于 150 辆时，HL0 为 2 Hz 闪烁。

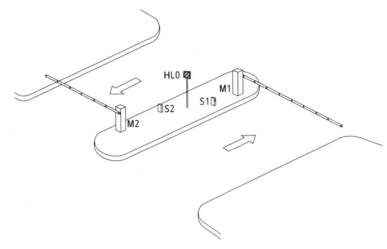

图 6-1　停车场出入口示意图

四、电气线路图

图 6-2 为主电路电气原理图，主电路是两个电动机的正反转电路，两个电机分别控制出口和入口的两个抬杆抬起和落下；图 6-3 为 PLC 输入信号端子图，本系统共有两个输入信号分别是入口和出口处的两个漫反射光电开关 S1 和 S2；图 6-4 为 PLC 输出信号端子图，本系统共有五个输出信号，分别是两台电机的正反转控制接触器 KM1、KM2、KM3、KM4 及指示灯 HL0。需要注意的是根据电机正反转的特性，KM1 和 KM2 之间、KM3 和 KM4 之间要进行电气联锁。

五、PLC 参考程序

图 6-5 中，C1 为加减计数器，当停车场有车辆进入时，S1 检测到、PLC 程序中 I0.1 常开触点闭合，经脉冲化后给计数器信号，计数器当前值加 1；当有车辆离开停车场时，S2 检测到、PLC 程序中 I0.2 常开触点闭合，经脉冲化后给计数器信号，计数器当前值减 1。因此计数器的当前值可以准确地反映停车场中停的车辆数量。

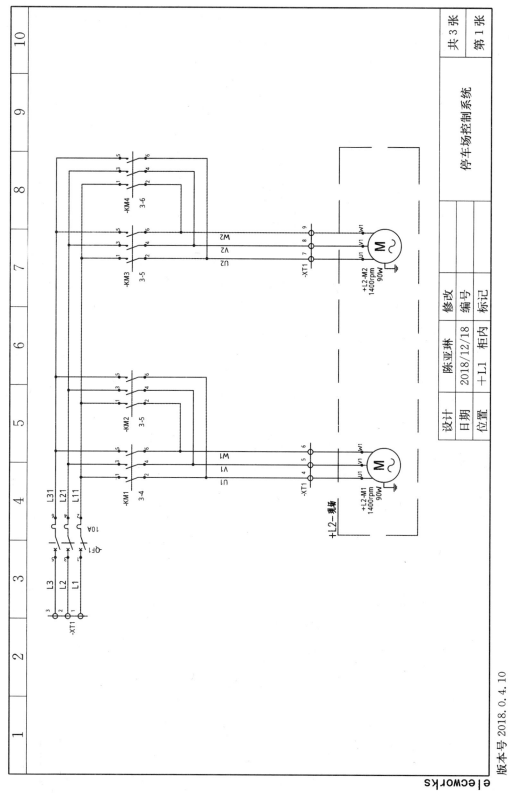

图6-2 电气主电路图

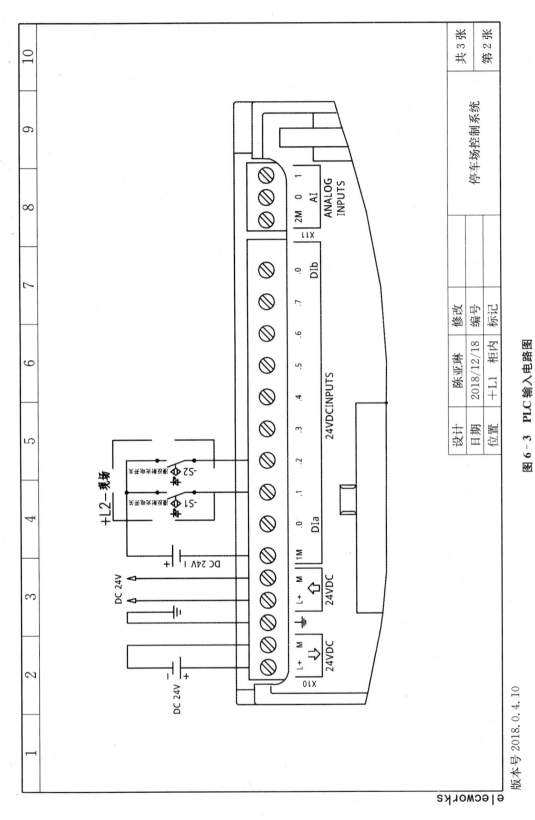

图 6-3 PLC 输入电路图

设计	陈亚琳	修改	编号		停车场控制系统	共 3 张
日期	2018/12/18	柜内	标记			第 2 张
位置	+L1					

版本号 2018.0.4.10

elecworks

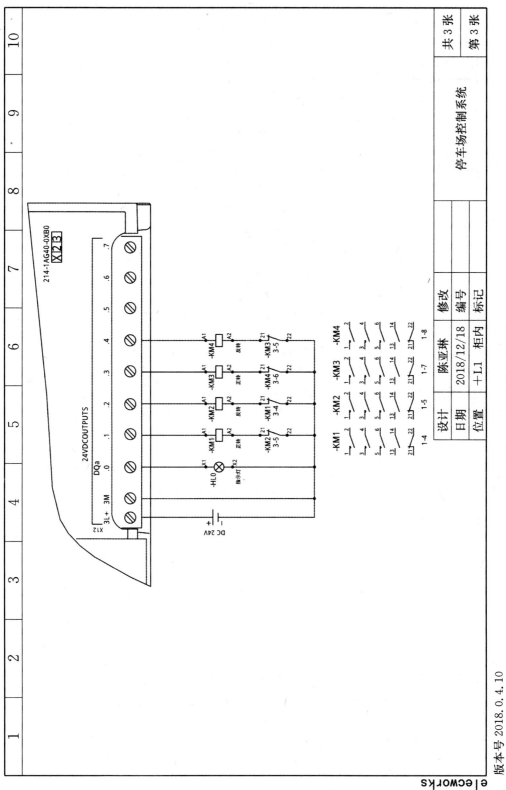

图 6 - 4 PLC 输出电路图

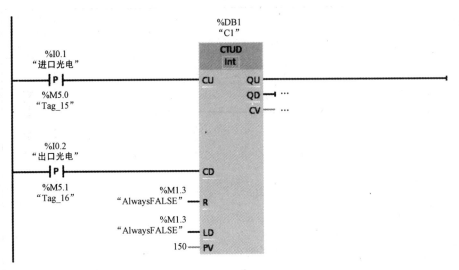

图 6 - 5 PLC 参考程序 1

图 6 - 6 中,当计数器的当前值大于 0 及小于 50(即停车场中车辆数量小于 50 辆)时,Q0.0 保持接通,指示灯 HL 常亮;当计数器的当前值大于等于 50 及小于 100(即停车场中车辆数量大于等于 50 及小于 100 辆)时,Q0.0 线圈会根据 M2.0 的通断情况(M2.0 的通断情况如图 6 - 7 所示)得电断电,指示灯 HL 也相应亮灭;当计数器的当前值大于等于 100 及小于等于 150(即停车场中车辆数量大于等于 100 及小于等于 150 辆)时,Q0.0 线圈会根据 M0.3 的通断情况(M0.3 已被系统定义为 2Hz 的时钟脉冲)得电断电,指示灯 HL 也相应亮灭。

图 6 - 6 PLC 参考程序 2

图 6-7 中，M1.2 为保持接通辅助继电器，定时器 T1 开始延时，当延时时间大于 0.5 s 时，比较指令触点闭合、M2.0 线圈得电；当延时时间到达设定时间后，T1 常闭触点断开、T1 线圈断电、M2.0 线圈断电，然后定时器 T1 又重新开始延时。如此循环，M2.0 以得电 2 s、断电 0.5 s 的周期运行。

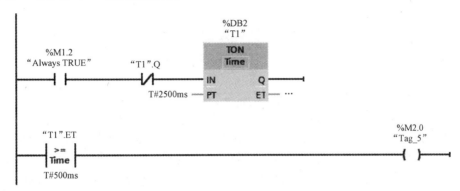

图 6-7　PLC 参考程序 3

图 6-8 中，当有车辆进入停车场时，S1 检测到、PLC 程序中 I0.1 常开触点闭合，经上升沿脉冲化后使 Q0.1 得电自锁、KM1 得电、电机正转、抬杆抬起；T2 时间继电器线圈得电开始延时，延时时间到之后 T2 常闭触点断开，Q0.1 线圈断电、KM1 断电、电机停转、抬杆静止。

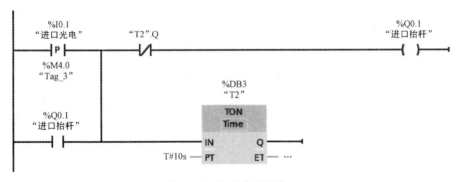

图 6-8　PLC 参考程序 4

图 6-9 中，当 S1 信号消失时，I0.1 产生下降沿脉冲，辅助继电器 M2.1 得电自锁，同时定时器 T3 线圈得电开始延时；当 T3 设定时间到了之后，Q0.2 线圈得电自锁、KM2 线圈得电，抬杆落下，定时器 T4 线圈得电开始延时，延时时间到设定时间之后 T4 常闭触点断开，Q0.2 线圈断电、KM2 线圈断电，抬杆静止。

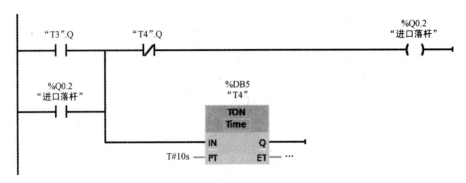

图 6 - 9　PLC 参考程序 5

图 6 - 10 中,当有车辆离开停车场时,S2 检测到、PLC 程序中 I0.2 常开触点闭合,经上升沿脉冲化后使 Q0.3 得电自锁、KM3 得电、电机正转、抬杆抬起;T5 时间继电器线圈得电开始延时,延时时间到之后 T5 常闭触点断开,Q0.2 线圈断电、KM3 断电、电机停转、抬杆静止。

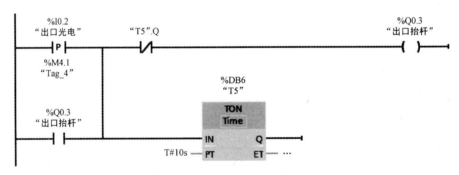

图 6 - 10　PLC 参考程序 6

当 S2 信号消失时,I0.2 产生下降沿脉冲,辅助继电器 M2.2 得电自锁,同时定时器 T6 线圈得电开始延时;当 T6 设定时间到了之后,Q0.4 线圈得电自锁、KM4 线圈得电,抬杆落下,定时器 T7 线圈得电开始延时,延时时间到设定时间之后 T7 常闭触点断开,Q0.4 线圈断电、KM4 线圈断电,抬杆静止。

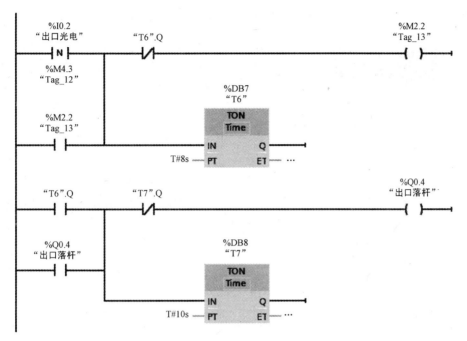

图 6-11　PLC 参考程序 7

六、项目录入视频

扫一扫见"停车场控制系统"视频

项目七　带倒计时的交通灯控制

一、项目描述

带倒计时的交通灯控制系统是在路口不同方向加入数码管对当前红绿灯状态进行倒计时指示的控制系统。本任务通过某一路口红绿灯控制系统为例,要求使用 PLC 控制以及编程实现控制要求。

二、准备单

见表 7－1。

表 7－1　准备单

序号	设备	参数	数量	备注
1	计算机	安装有西门子 TIA Portal V14	1	
2	PLC	S7－1214C DC/DC/DC	1	配网线
3	信号模块	SM 1223/DI8×24V DC,DQ8×RLY	1	
4	直流电源	AC220V/DC24V/5A	1	
5	转换开关		2	
6	指示灯 HL	DC 24 V	6	
7	七段数码管	BCD 码	2	
8	导轨	35 mm	1	
9	导线	0.75 mm²	20	

三、控制要求

如图 7－1 所示,某一十字路口的东西南北方向安装了红、绿、黄三色交通灯。为了交通安全,红、绿、黄灯必须按照一定时序轮流点亮。时序如图 7－2 所示,东西方向安装有两位七段数码管显示的倒计时,数码管采用 BCD 码格式。起动运行使用一个 SA 转换开关,SA 打在左边,常开点闭合,系统开始运行;SA 打在右边,常开点断开,系统停止。

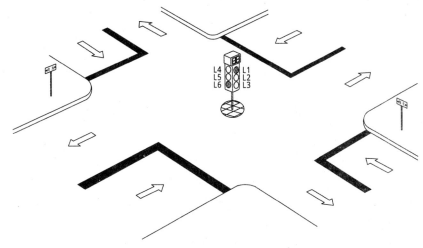

图 7-1 十字路口交通灯示意图

南北红灯	25 s		
东西绿灯	20 s	3 s	
东西黄灯		2 s	
东西红灯			30 s
南北绿灯			25 s	3 s
南北黄灯				2 s

一个周期

图 7-2 十字路口交通灯时序图

四、电气线路图

图 7-3 为输入端子图,输入信号有 SA;图 7-4 为输出端子图,输出信号有六个,为 HL1～HL6;图 7-5 为输出 BCD 编码图,控制个位、十位两块数码管。

五、PLC 参考程序

如图 7-6 所示,拨下 SA,定时器开始计时,当 0～25 s 时,L4 得电,东西红灯亮;当 25～50 s 时,L6 得电,东西绿灯亮;当 50～53 s 时,L6 得电,东西绿灯闪烁;当 53～55 s 时,L5 得电,东西黄灯亮;当 0～20 s 时,L3 得电,南北绿灯亮;当 20～23 s 时,L2 得电,南北绿灯闪烁;当 23～25 s 时,L2 得电,南北黄灯亮;当 25～55 s 时,L1 得电。

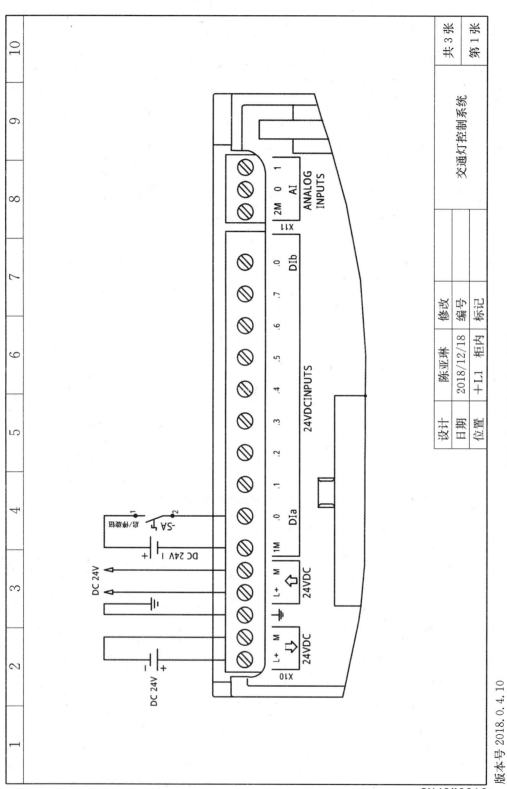

图 7 - 3 PLC 输入电路图

设计	陈亚琳	修改		共 3 张
日期	2018/12/18	编号	交通灯控制系统	第 1 张
位置	+L1 柜内	标记		

版本号 2018.0.4.10

elecworks

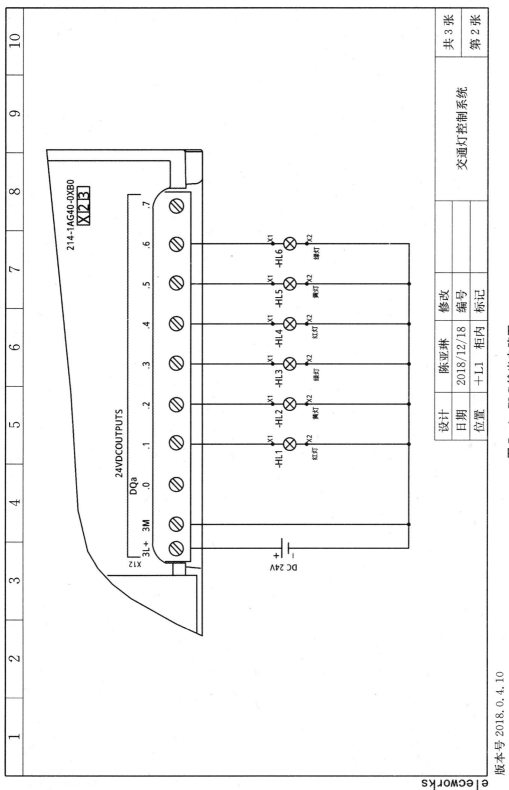

图 7－4 PLC 输出电路图

设计	陈亚琳		修改	交通灯控制系统	共 3 张
日期	2018/12/18		编号		第 2 张
位置	+L1 柜内		标记		

版本号 2018.0.4.10

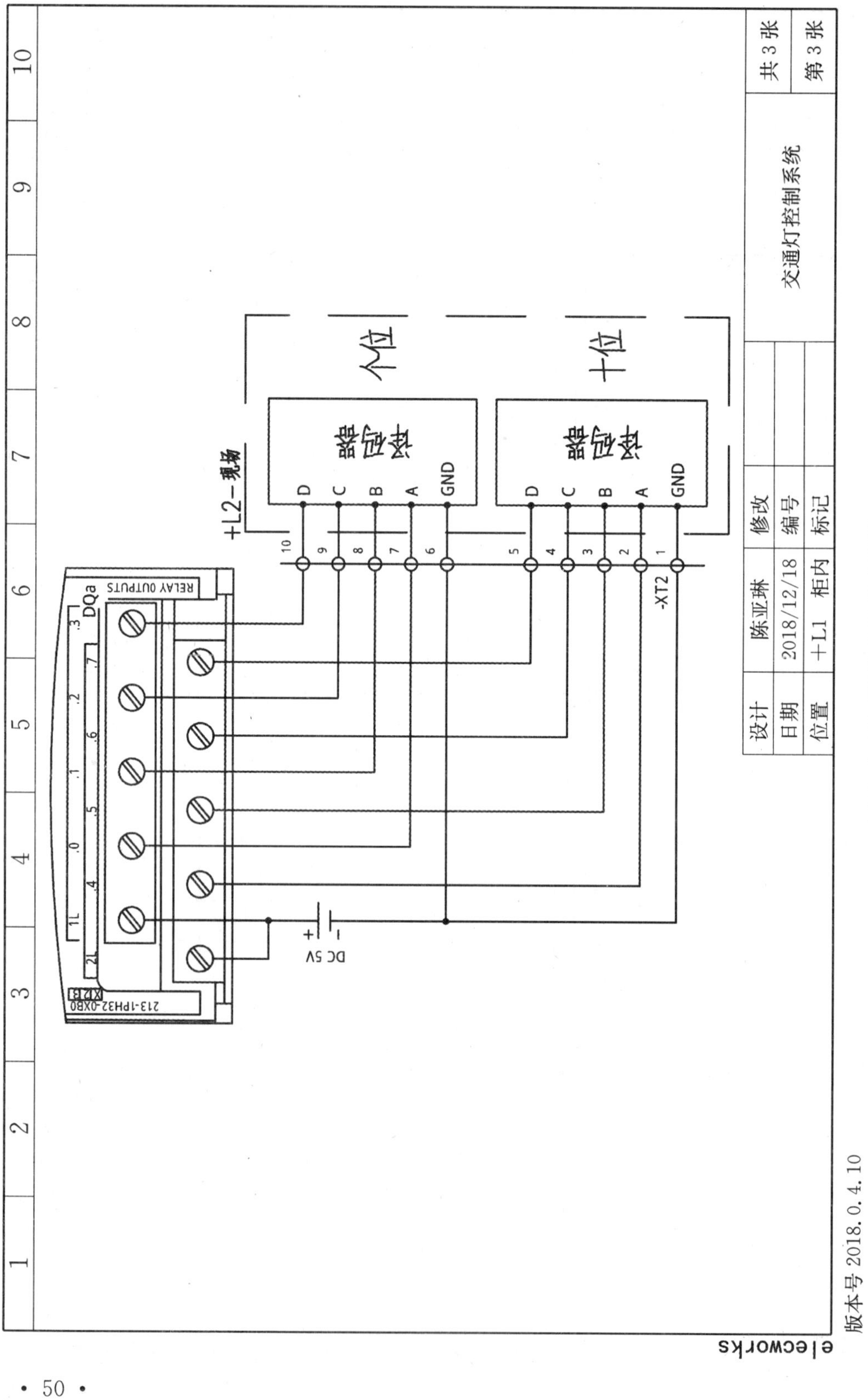

共 3 张

第 3 张

交通灯控制系统

修改 | 编号 | 标记

个位

十位

数码
显示器

D C B A GND

数码
显示器

D C B A GND

+L2—现场

10 9 8 7 6 5 4 3 2 1

-XT2

RELAY OUTPUTS

DQa

DC 5V

213-1PH32-0XB0

设计 | 陈亚琳

日期 | 2018/12/18 | +L1 | 柜内

位置

图 7-5 PLC 输出 BCD 码电路图

elecworks

版本号 2018.0.4.10

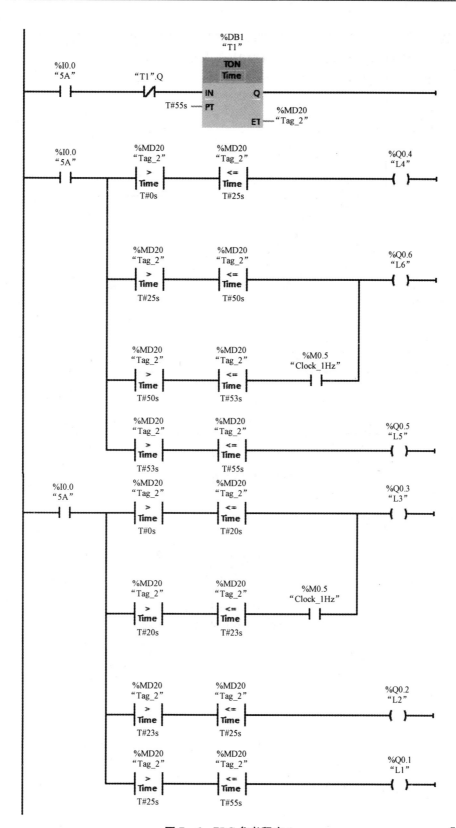

图 7-6　PLC 参考程序 1

如图 7-7 所示,当 0~23 s 时,用 23 s 减去当前时间,除以 1 000,将单位转变为 s,再转变为 8 位 BCD 码,算出南北绿灯倒计时时间;当 25~55 s 时,用 55 s 减去当前时间,除以 1 000,将单位转变为 s,再转变为 8 位 BCD 码,算出南北红灯倒计时时间。

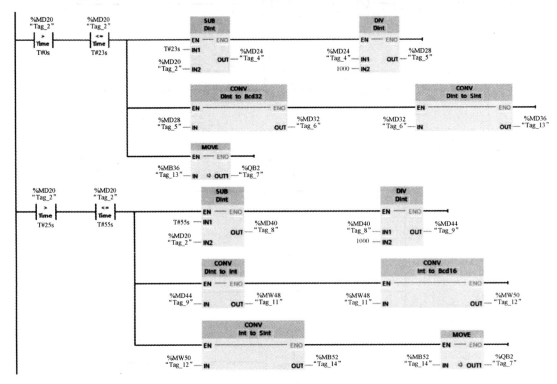

图 7-7　PLC 参考程序 2

六、项目录入视频

扫一扫见"带倒计时的交通灯控制"视频

项目八 三点限位小车往返控制

一、项目描述

实现工业中运输小车的自动运行是保障工业生产平稳、安全、快捷运行的重要环节。常规继电器小车控制系统最多只能实现固定时序控制或手动控制,不能根据实际生产状况进行调节控制,若采用 PLC 控制则在不改变外围电路的情况下通过修改程序来实现不同的工艺要求。本项目以常见的三点位置小车往返控制为例来说明如何合理利用 PLC 的计数功能,按一定控制规律自动调节小车的左行、右行及停止。

二、准备单

见表 8-1。

表 8-1 准备单

序号	设备	参数	数量	备注
1	计算机	安装有西门子 TIA Portal V14	1	
2	PLC	S8-1214C DC/DC/DC	1	配网线
3	信号模块	SM 1223/DI8×24V DC,DQ8×RLY	1	
4	直流电源	AC220V/DC24V/5A	1	
5	限位行程开关		3	
6	按钮	1 开	2	
7	接触器	线圈 AC220V	2	
8	导轨	35 mm	1	
9	导线	0.75 mm²	20	

三、控制要求

如图 8-1 所示,一台送料小车由交流三相异步电动机 M 拖动,在固定线路上设有原点 A 检测限位开关 SQ1,中间点 B 检测限位开关 SQ2,终点 C 检测限位开关 SQ3,小车运行至限位点时则相应的限位开关闭合,离开时则相应的限位开关复位。

按下起动按钮 SB1,送料小车从 A 点起动正转前进至 B 点,在 B 点停车 5 s 卸料后反转回 A 点,在 A 点停车 10 s 装料后正转前进至 C 点,在 C 点停车 6 s 卸料后返回 A 点,在 A 点停车 10 s 装料后正转前进至 B 点,如此反复运行。

系统运行中按下停止按钮 SB2,送料小车不立即停车,待完成一整个周期后停在 A 点。

系统设有必要的过载、过流、短路保护。

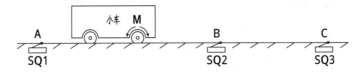

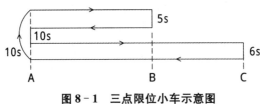

图 8-1　三点限位小车示意图

四、电气线路图

图 8-2 为主电路电气原理图,主电路是典型的三相异步电动机正反转电路;图 8-3 为 PLC 输入信号端子图,输入信号有按钮 SB1 和 SB2、行程开关 SQ1～SQ3 以及电机热过载信号 KH;图 8-4 为输出信号端子图,输出信号有两个,分别为正转的线圈 KM1 和反转的线圈 KM2,需要注意的是,为了防止两相短路事故,在输出电路上需要将两个线圈进行电气联锁。

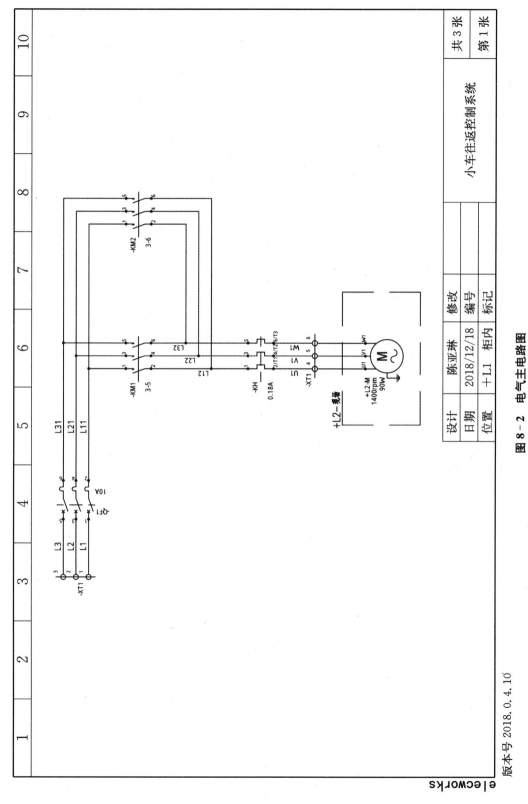

图 8－2　电气主电路图

| 共 3 张 |
| 第 1 张 |

小车往返控制系统

设计	陈亚琳	修改
日期	2018/12/18	编号
位置	+L1　柜内	标记

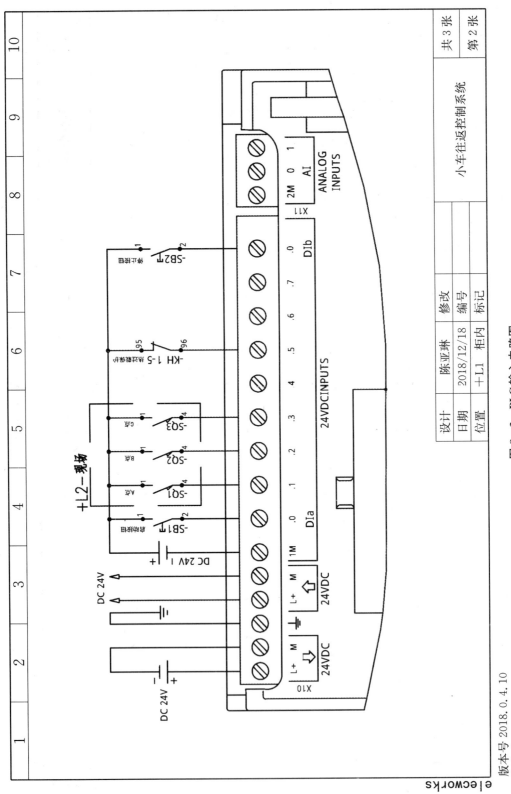

图 8-3 PLC 输入电路图

图 8 - 4 PLC 输出电路图

设计	陈亚琳	修改					
日期	2018/12/18	编号				共 3 张	
位置	+L1 柜内	标记		小车往返控制系统		第 3 张	

五、PLC 参考程序

如图 8-5 所示,当 PLC 上电后,M1.0 得电一个扫描周期(M1.0 已被系统定义为上电得电一个扫描周期),M4.0 置位为 1,为起动做准备;M4.1~M5.2 之间共 10 个辅助继电器被复位为 0、Q0.1 和 Q0.2 被复位为 0。当停止按钮按下时 I0.5 信号消失,I0.5 常闭触点恢复为闭合,M4.0 置位为 1,为起动做准备;M4.1~M5.2 之间共 10 个辅助继电器被复位为 0、Q0.1 和 Q0.2 被复位为 0,即实现了系统停止的功能又为下一次起动做好准备。

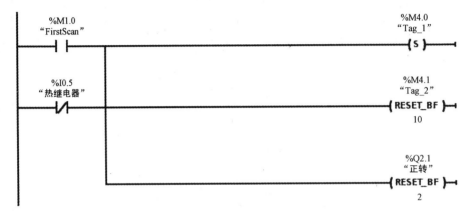

图 8-5　PLC 参考程序 1

图 8-6 中,当按下起动按钮时,I0.0 常开触点闭合,辅助继电器 M2.0 线圈得电自锁为系统自动循环工作做好准备,系统循环运行如图 8-10 所示;按下停止按钮时,I0.1 常闭触点断开,M2.0 线圈断开系统不再循环工作。

小车停在 SQ1 位置时,I0.1 常开触点闭合,按下起动按钮,辅助继电器 M4.1 线圈置位为 1、M4.0 复位为 0。如图 8-11 所示,Q2.1 线圈得电、接触器 KM1 线圈得电,电机正转驱动小车向右运动。

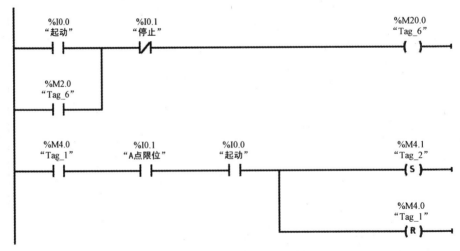

图 8-6　PLC 参考程序 2

当小车向右移动到 SQ2 位置时,如图 8 - 7 所示,I0.2 常开触点闭合,辅助继电器 M4.2 置位为 1、M4.1 复位为 0。如图 8 - 11 所示,Q2.1 线圈断电、接触器 KM1 线圈断电,小车停止运动。

同时定时器 T1 线圈得电开始延时,当延时时间到设定时间之后,T1 常开触点闭合,辅助继电器 M4.3 置位为 1、M4.2 复位为 0。如图 8 - 11 所示,Q2.2 线圈得电、接触器 KM2 线圈得电,电机反转驱动小车向左运动。

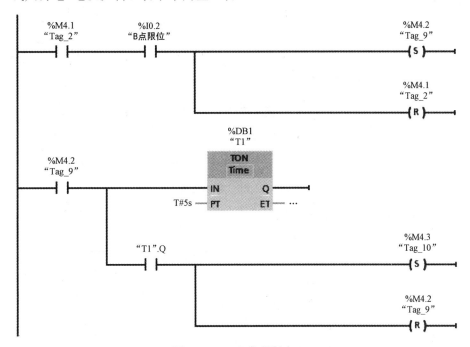

图 8 - 7 PLC 参考程序 3

当小车向左移动到 SQ1 位置时,如图 8 - 8 所示,I0.1 常开触点闭合,辅助继电器 M4.4 置位为 1、M4.3 复位为 0。如图 8 - 11 所示,Q2.2 线圈断电、接触器 KM2 线圈断电,小车停止运动。

同时定时器 T2 线圈得电开始延时,当延时时间到设定时间之后 T2 常开触点闭合,辅助继电器 M4.5 置位为 1、M4.4 复位为 0。如图 8 - 11 所示,Q2.1 线圈得电、接触器 KM1 线圈得电,电机正转驱动小车向右运动。

当小车向右移动到 SQ3 位置时,如图 8 - 9 所示,I0.3 常开触点闭合,辅助继电器 M4.6 置位为 1、M4.5 复位为 0。如图 8 - 11 所示,见 Q2.1 线圈断电、接触器 KM1 线圈断电,小车停止运动。

同时定时器 T3 线圈得电开始延时,当延时时间到设定时间之后 T3 常开触点闭合,辅助继电器 M4.7 置位为 1、M4.6 复位为 0。如图 8 - 11 所示,Q2.2 线圈得电、接触器 KM2 线圈得电,电机反转驱动小车向左运动。

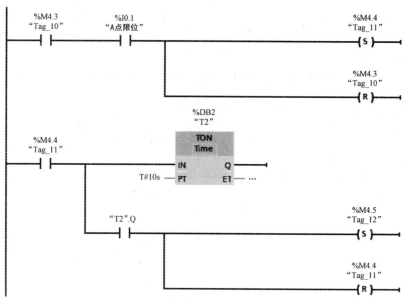

图 8-8　PLC 参考程序 4

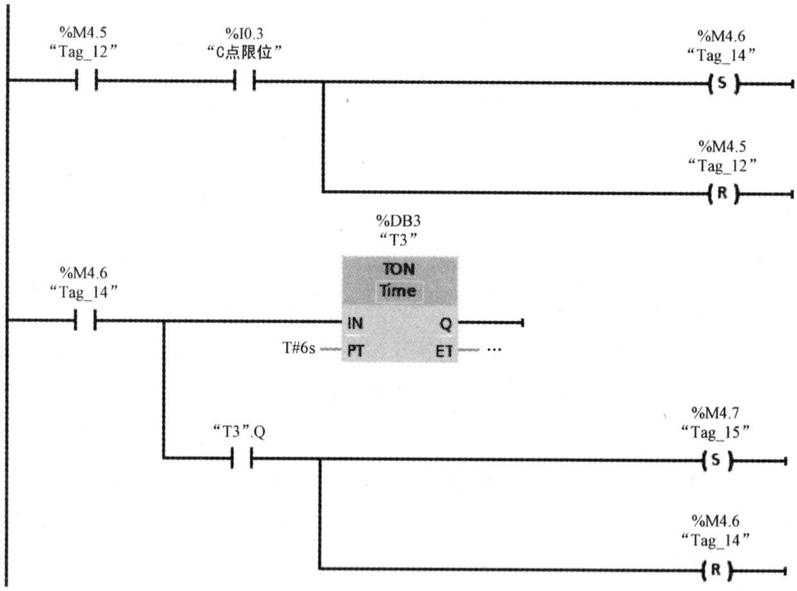

图 8-9　PLC 参考程序 5

当小车向左移动到 SQ1 位置时,如图 8-10 所示,I0.1 常开触点闭合,辅助继电器 M5.0 置位为 1、M4.7 复位为 0。如图 8-11 所示,Q2.2 线圈断电、接触器 KM2 线圈断电,小车停止运动。

同时定时器 T4 线圈得电开始延时,当延时时间到设定时间之后 T4 常开触点闭合,如果 M2.0 常开触点闭合(图 8-6 中循环工作有效)则辅助继电器 M4.1 得电系统又开始循环运行;如果 M2.0 常闭触点闭合则辅助继电器 M4.0 得电为下一次起动操作做准备。

```
    %M4.7        %I0.1                                            %M5.0
   "Tag_15"    "A点限位"                                        "Tag_16"
  ───┤├────────┤├──────────┬──────────────────────────────────────( S )───

                                                                    %M4.7
                                                                  "Tag_15"
                           └──────────────────────────────────────( R )───


                                        %DB4
                                        "T4"
                                     ┌─────────┐
    %M5.0                            │   TON   │
   "Tag_16"                          │  Time   │
  ───┤├──────────┬──────────────────┤IN      Q├──────────────────────────
                 │         T#10s ────┤PT     ET├─── …
                 │                   └─────────┘

                 │   "T4".Q       %M2.0                            %M4.1
                 │               "Tag_6"                          "Tag_2"
                 ├───┤├────────────┤├────────────────────────────( S )───
                 │
                 │                  %M2.0                          %M4.0
                 │                 "Tag_6"                        "Tag_1"
                 └──────────────────┤/├────────────────────────────( S )───

                                                                    %M5.0
                                                                  "Tag_16"
                                                                  ( R )───
```

图 8 - 10   PLC 参考程序 6

```
    %M4.1                                                         %Q2.1
   "Tag_2"                                                        "正转"
  ───┤├────────┬─────────────────────────────────────────────────( )───
               │
    %M4.5      │
   "Tag_12"    │
  ───┤├────────┘


    %M4.3                                                         %Q2.2
   "Tag_10"                                                       "反转"
  ───┤├────────┬─────────────────────────────────────────────────( )───
               │
    %M4.7      │
   "Tag_15"    │
  ───┤├────────┘
```

图 8 - 11   PLC 参考程序 7

六、项目录入视频

扫一扫见"三点限位小车往返控制"视频

项目九　自动装车系统控制

一、项目描述

随着科学技术日新月异的变化，自动化程度要求越来越高，原来传统的生产装料装置远远不能满足当前高度自动化的需要。减轻劳动强度，保障生产的可靠性、安全性，降低生产成本，减少环境污染、提高经济效益是企业生产过程中必须考虑的问题。此时，物料的自动装车系统应运而生，它采用可编程控制器为控制中心，集成了自动控制技术、计量技术、传感器技术、机械技术等于一体，解决了实际生产过程中遇到的问题，可大大提高生产的效率和可靠性。

二、准备单

见表 9－1。

表 9－1　准备单

序号	设备	参数	数量	备注
1	计算机	安装有西门子 TIA Portal V14	1	
2	PLC	S7－1214C DC/DC/DC	1	配网线
3	信号模块	SM 1223/DI8×24V DC，DQ8×RLY	1	
4	直流电源	AC220V/DC24V/5A	1	
5	限位开关 S1、S2		2	
6	按钮	1 开	2	
7	电磁阀		2	
8	压力变送器	0～80 t/DC 0～10V	1	
9	接触器	线圈 AC220V	3	
10	红绿灯	DC24V	各 1	
11	导轨	35 mm	1	
12	导线	0.75 mm²	20	

三、控制要求

如图 9－1 所示，某自动装车系统中车辆重量检测使用压力传感器，压力传感器 T 的测量范围为 0～80 t，压力变送器输出 DC 0～10 V（可以用电压源模拟）。初始状态，

S1＝OFF,S2＝OFF,阀 YV1、YV2,红绿灯 HL1、HL2,电动机 M1、M2、M3 皆为 OFF。按下起动按钮 SB1,阀 YV1 打开向料仓送料,当料仓中物料到达 S1 时,阀 YV1 关闭,低于 S2 后阀 YV1 再次打开。系统起动后红灯 HL1 亮 5 s 后熄灭,绿灯 HL2 亮允许装料车辆驶入,15 s 后绿灯熄灭,切换为红灯 HL1 亮,皮带电机 M3 起动运行,3 s 后 M2 电机运行,再 3 s 后 M1 电机运行,2 s 后打开放料阀 YV2 开始装料。

当装料车辆的重量到达 45 t 时,停止装料,停止顺序:关闭 YV2,2 s 后停 M1 电机,4 s 后停 M2 电机,再 4 s 后停 M3 电机,然后红灯熄灭绿灯 HL2 亮,允许装料车开走,15 s 后绿灯熄灭红灯 HL1 亮,一个装车过程结束。红灯亮 5 s 切换为绿灯 HL2 亮,允许下一辆车进入,再次循环上一过程。

按下停止按钮,系统不立即停车,待完成一整个周期后停止。

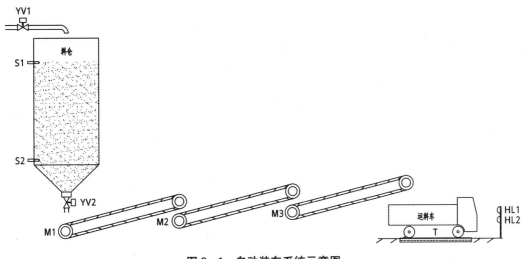

图 9-1　自动装车系统示意图

四、电气线路图

图 9-2 为主电路电气原理图,由三个用来拖动三个皮带机的电动机 M1、M2、M3 组成;图 9-3 为 PLC 输入信号端子图,输入信号有开关量信号起动按钮 SB1、停止按钮 SB2、料仓中物料位置检测开关 S1 和 S2 组成,还有模拟量信号压力传感器经变送器变换成 DC 0～10 V 的电压量;图 9-4 为 PLC 输出信号端子图,输出信号有三台电机的接触器 KM1、KM2 和 KM3,进料阀 YV1 和出料阀 YV2,指示灯 HL1 和 HL2。

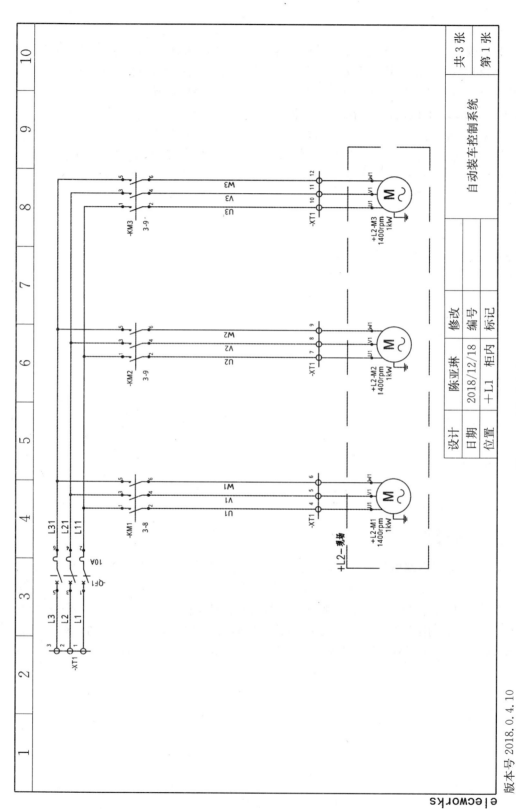

图 9 - 2 电气主电路图

版本号 2018. 0. 4. 10

eleCWOrkS

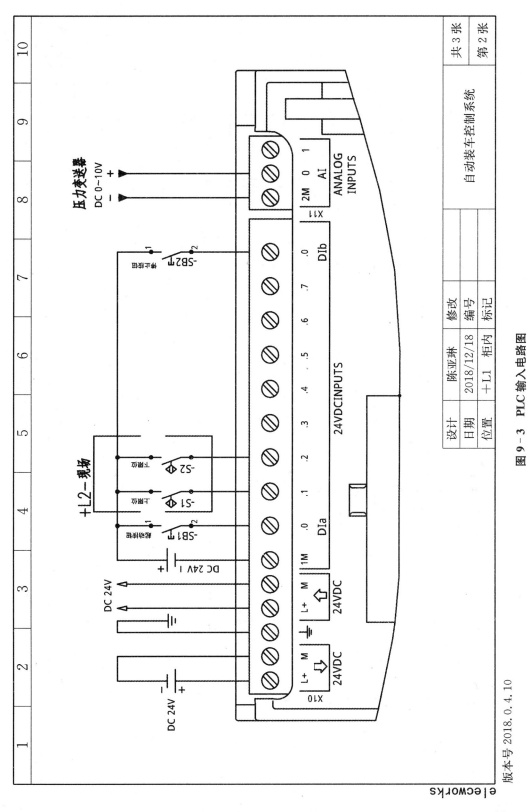

图 9 - 3　PLC 输入电路图

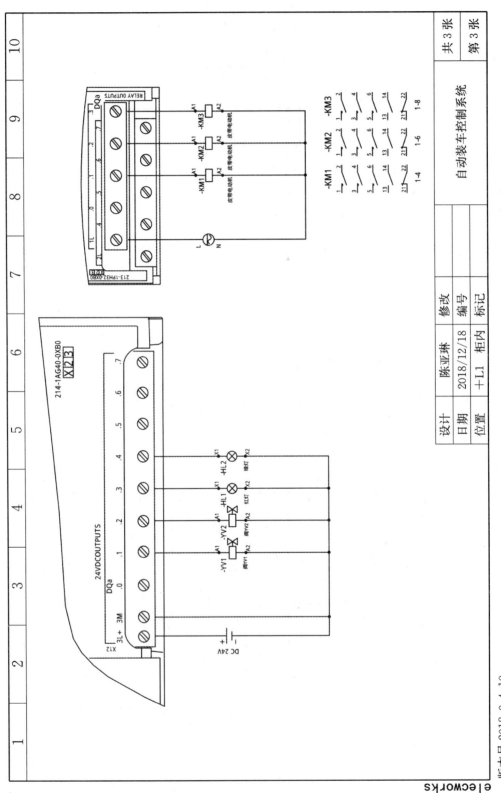

图 9 - 4　PLC 输出电路图

五、PLC 参考程序

如图 9-5 所示,当 PLC 上电运行时,辅助继电器 M1.0 接通一个扫描周期(M1.0 已被系统定义为上电自动接通一个扫描周期)或按下起动按钮 SB1 使程序中 I0.0 接通时,辅助继电器 M4.0 置位为 1、M4.1 开始的共 15 个辅助继电器全部被复位为 0,为起动运行做好准备。

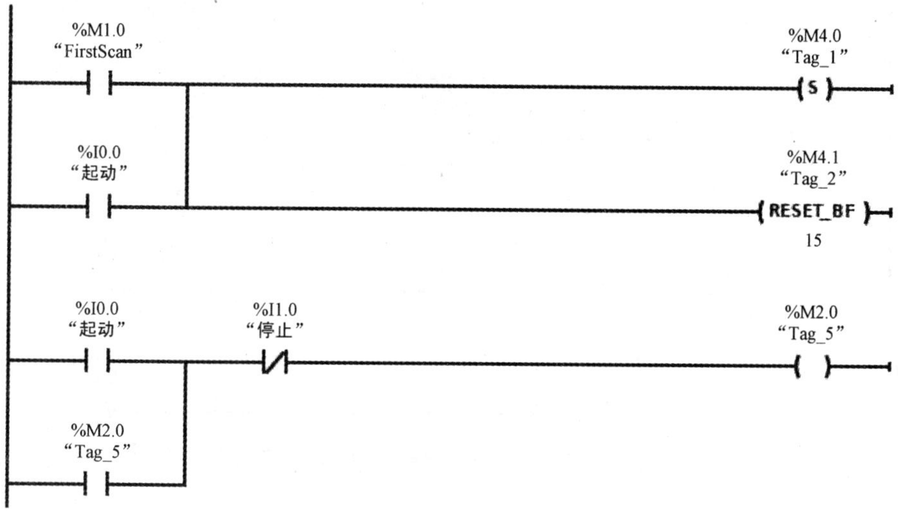

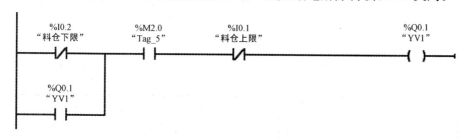

图 9-5　PLC 参考程序 1

I0.0 常开触点闭合时辅助继电器 M2.0 线圈得电自锁,按下停止按钮时 I1.0 常闭触点断开、M2.0 线圈断电解除自锁,M2.0 得电为系统运行做准备。

如图 9-6 所示,在系统起动操作后(辅助继电器 M2.0 常开触点闭合)当料仓中 S1 开关检测不到时,I0.2 常闭触点闭合,Q0.1 线圈得电自锁、YV1 打开往料仓中放料;当料仓中 S2 开关检测到时,I0.1 常闭触点断开、Q0.1 线圈断电解除自锁、YV1 关闭。

图 9-6　PLC 参考程序 2

如图 9-7 所示,由于上述程序中 M4.0 及 I0.0 常开触点已经闭合,辅助继电器 M4.1 被置位为 1、M4.0 复位为 0,如图 9-18 所示,Q0.3 线圈得电、HL1 红色灯亮;同时定时器 T1 线圈得电开始延时,当延时时间到达设定时间时,辅助继电器 M4.2 被置位为 1、M4.1 复位为 0,图 9-18 中可见 Q0.3 线圈断电、HL1 红色灯灭,Q0.4 线圈得电、HL2

绿色灯亮。

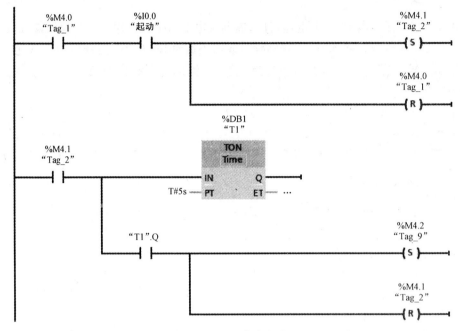

图 9 - 7　PLC 参考程序 3

　　如图 9-8 所示，辅助继电器 M4.2 得电时，M4.2 常开触点闭合，定时器 T2 线圈得电开始延时，当定时器到达设定的延时时候后辅助继电器 M4.3 置位为 1、M4.2 复位为 0。如图 9-18 所示，Q0.4 线圈断电、HL2 绿色灯灭，辅助继电器 M20.0 置位为 1，Q0.4 线圈得电、HL1 红色灯长亮。

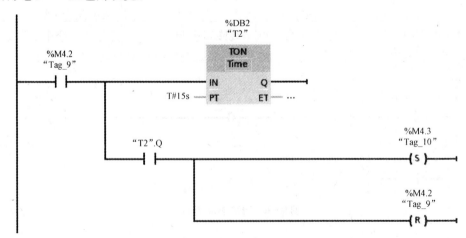

图 9 - 8　PLC 参考程序 4

　　如图 9-9 所示，辅助继电器 M4.3 得电时，M4.3 常开触点闭合，Q2.3 线圈置位为 1、接触器 KM3 线圈得电、M3 电机运行；同时定时器 T3 线圈得电开始延时，当定时器到达设定的延时时候后辅助继电器 M4.4 置位为 1、M4.3 复位为 0。

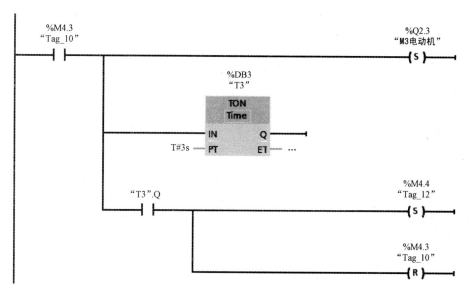

图 9 - 9　PLC 参考程序 5

如图 9 - 10 所示,辅助继电器 M4.4 得电时,M4.4 常开触点闭合,Q2.2 线圈置位为 1、接触器 KM2 线圈得电、M2 电机运行;同时定时器 T4 线圈得电开始延时,当定时器到达设定的延时时候后辅助继电器 M4.5 置位为 1、M4.4 复位为 0。

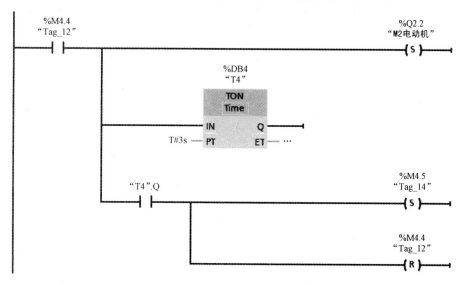

图 9 - 10　PLC 参考程序 6

如图 9 - 11 所示,辅助继电器 M4.5 得电时,M4.5 常开触点闭合,Q2.1 线圈置位为 1、接触器 KM1 线圈得电、M1 电机运行;同时定时器 T5 线圈得电开始延时,当定时器到达设定的延时时间后辅助继电器 M4.6 置位为 1、M4.5 复位为 0。

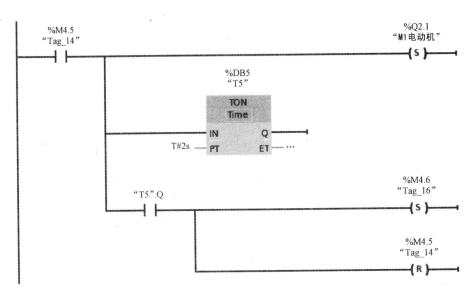

图 9－11　PLC 参考程序 7

系统如图 9－12 所示程序开始运行,目的是将压力传感器得到的值经计算后转换成可用的重量(t)存储在 MW200 中。

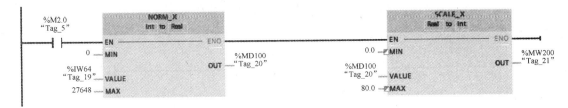

图 9－12　PLC 参考程序 8

如图 9－13 所示,辅助继电器 M4.6 得电时,M4.6 常开触点闭合,Q0.2 线圈得电。YV2 打开放料;当装料车辆中重量达到 45 t 以上时,辅助继电器 M4.7 置位为 1、M4.6 复位为 0、Q0.2 线圈断电、YV2 关闭停止放料。

图 9－13　PLC 参考程序 9

如图 9－14 所示,辅助继电器 M4.7 得电时,M4.7 常开触点闭合,定时器 T6 线圈得电开始延时,当定时器延时时间到达设定时间后辅助继电器 M5.0 置位为 1、M4.7 复位为 0。

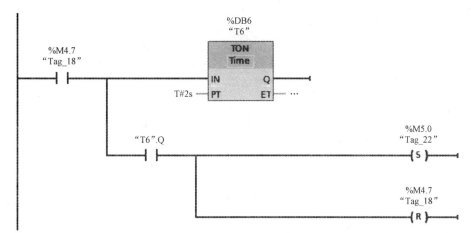

图 9－14　PLC 参考程序 10

如图 9－15 所示,辅助继电器 M5.0 得电时,M5.0 常开触点闭合,Q2.1 线圈复位为 0、接触器 KM1 线圈断电、M1 电机停止运行;同时定时器 T7 线圈得电开始延时,当定时器到达设定的延时时候后辅助继电器 M5.1 置位为 1、M5.0 复位为 0。

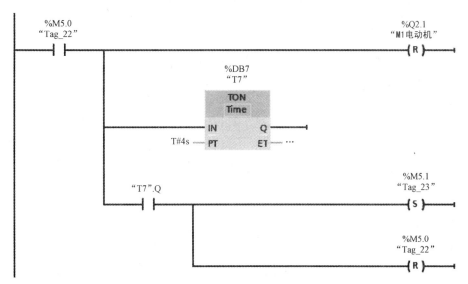

图 9－15　PLC 参考程序 11

如图 9－16 所示,辅助继电器 M5.1 得电时,M5.1 常开触点闭合,Q2.2 线圈复位为 0、接触器 KM2 线圈断电、M2 电机停止运行;同时定时器 T8 线圈得电开始延时,当定时器到达设定的延时时间后辅助继电器 M5.2 置位为 1、M5.1 复位为 0。M5.2 得电时,图 9－8 中 M20.0 复位为 0,Q0.3 线圈断开、红色灯灭,Q0.4 线圈得电、绿色灯亮。

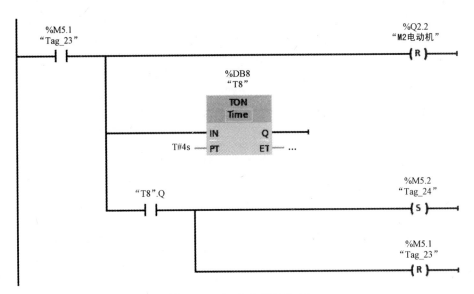

图 9－16　PLC 参考程序 12

如图 9－17 所示，辅助继电器 M5.2 得电时，M5.2 常开触点闭合，Q2.3 线圈复位为 0、接触器 KM3 线圈断电、M3 电机停止运行；同时定时器 T9 线圈得电开始延时，当定时器到达设定的延时时间后如果系统没有停止 M2.0 常开触点闭合 M4.1 又置位为 1，系统循环运行，如果系统已经停止工作，M2.0 断开，M4.0 置位为 0，为下一次起动运行做准备。

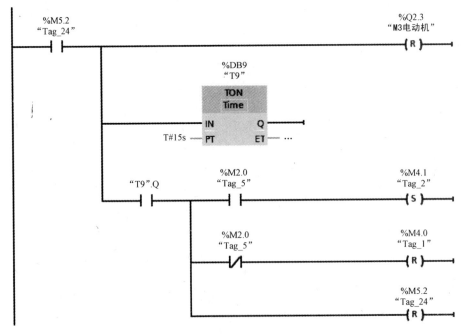

图 9－17　PLC 参考程序 13

```
    %M4.1                                              %Q0.3
   "Tag_2"                                            "HL1红灯"
    ┤ ├──────┬───────────────────────────────────────( )───

    %M20.0   │
   "Tag_28"  │
    ┤ ├──────┘

    %M4.3                                              %M20.0
   "Tag_10"                                           "Tag_28"
    ┤ ├──────────────────────────────────────────────( S )──

    %M5.2                                              %M20.0
   "Tag_24"                                           "Tag_28"
    ┤ ├──────────────────────────────────────────────( R )──

    %M4.2                                              %Q0.4
   "Tag_9"                                            "HL2绿灯"
    ┤ ├──────┬───────────────────────────────────────( )───

    %M5.2    │
   "Tag_24"  │
    ┤ ├──────┘
```

图 9-18　PLC 参考程序 14

六、项目录入视频

扫一扫见"自动装车系统控制"视频

项目十 步进滑台控制系统

一、项目描述

西门子 1200PLC 具有内置高速计数器功能，不需要增加特殊功能单元就可以处理频率高达几十或上百 kHz 的脉冲信号；编码器是用来测量转速的装置，它是一种将旋转位移转换成一串数字脉冲信号的旋转式传感器，在本项目中将编码器安装在丝杆上，就可以测量直线位移，当丝杆旋转时编码器便会发出脉冲信号，这样就可以测量滑块的位移；使用高数计数器读取的编码器脉冲信号结合步进电机就可以实现滑块的位置控制。

二、准备单

见表 10-1。

表 10-1 准备单

序号	设备	参数	数量	备注
1	计算机	安装有西门子 TIA Portal V14	1	
2	PLC	S7-1214C DC/DC/DC	1	配网线
3	信号模块	SM 1223/DI8×24V DC，DQ8×RLY	1	
4	直流电源	AC220V/DC24V/5A	1	
5	按钮	1开1闭	4	
6	限位行程开关		2	
7	步进驱动器	DC220V	1	
8	步进电机		1	
9	小型断路器	10A	1	
10	旋转编码器	DC24V/1000	1	
11	滑台丝杆	1 500 mm	1套	
12	导轨	35 mm	1	
13	导线	0.75 mm²	20	

三、控制要求

某机械滑台滑块由步进电机 M 拖动,滑台总长度为 1 500 mm,步进电机每转动一周滑台直线距离为 20 mm。原点 A 限位 SQ1、终点 B 限位 SQ2。按下起动按钮 SB1,滑台电机以 1 r/s 的速度正转从原点 A 向终端 B 前进 800 mm 后滑块电机停止 3 s,然后以 2 r/s 的速度继续向 B 点前进至 1 000 mm 处滑块停止,4 s 后又以 1.5 r/s 的速度返回原点 A 停止,用两位 BCD 数码管显示滑块距 A 点距离。

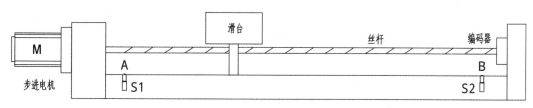

图 10-1 机床滑台示意图

四、电气线路图

图 10-2 为主电路电气原理图,驱动丝杆的为一台两相混合式步进电机;图 10-3 为 PLC 输入信号端子图,本项目共有四个输入信号,分别为起动按钮 SB1、停止按钮 SB2、A 位置检测开关 S1 和 B 位置检测开关 S2;图 10-4 为 PLC 输出信号端子图,本项目的输出信号有送给步进电机驱动器的脉冲信号及方向信号,另外有八个输出信号给两个译码器来显示两个数码管。

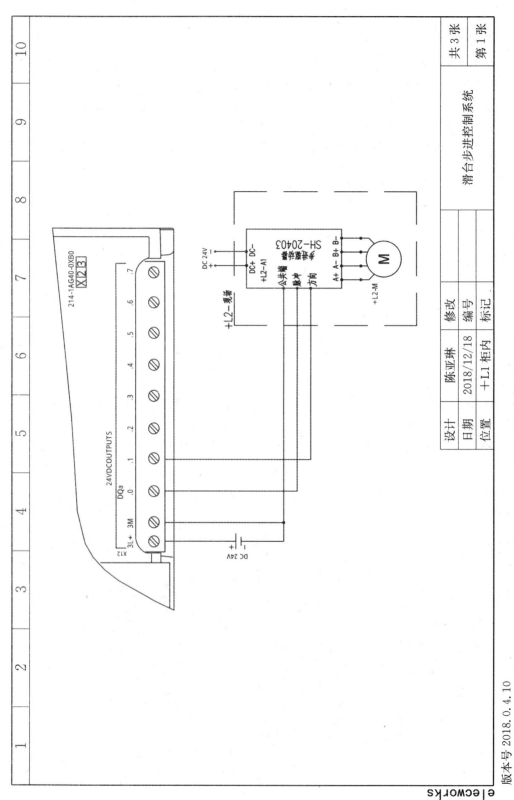

图 10 - 2　电气主电路图

设计	陈亚琳	修改		清合步进控制系统	共 3 张
日期	2018/12/18	编号			第 1 张
位置	+L1 柜内	标记			

版本号 2018.0.4.10

elecworks

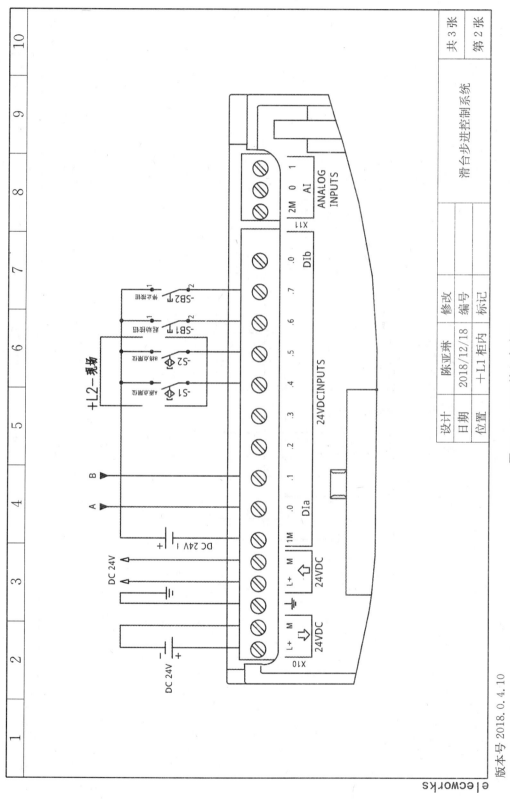

图 10 - 3　PLC 输入电路图

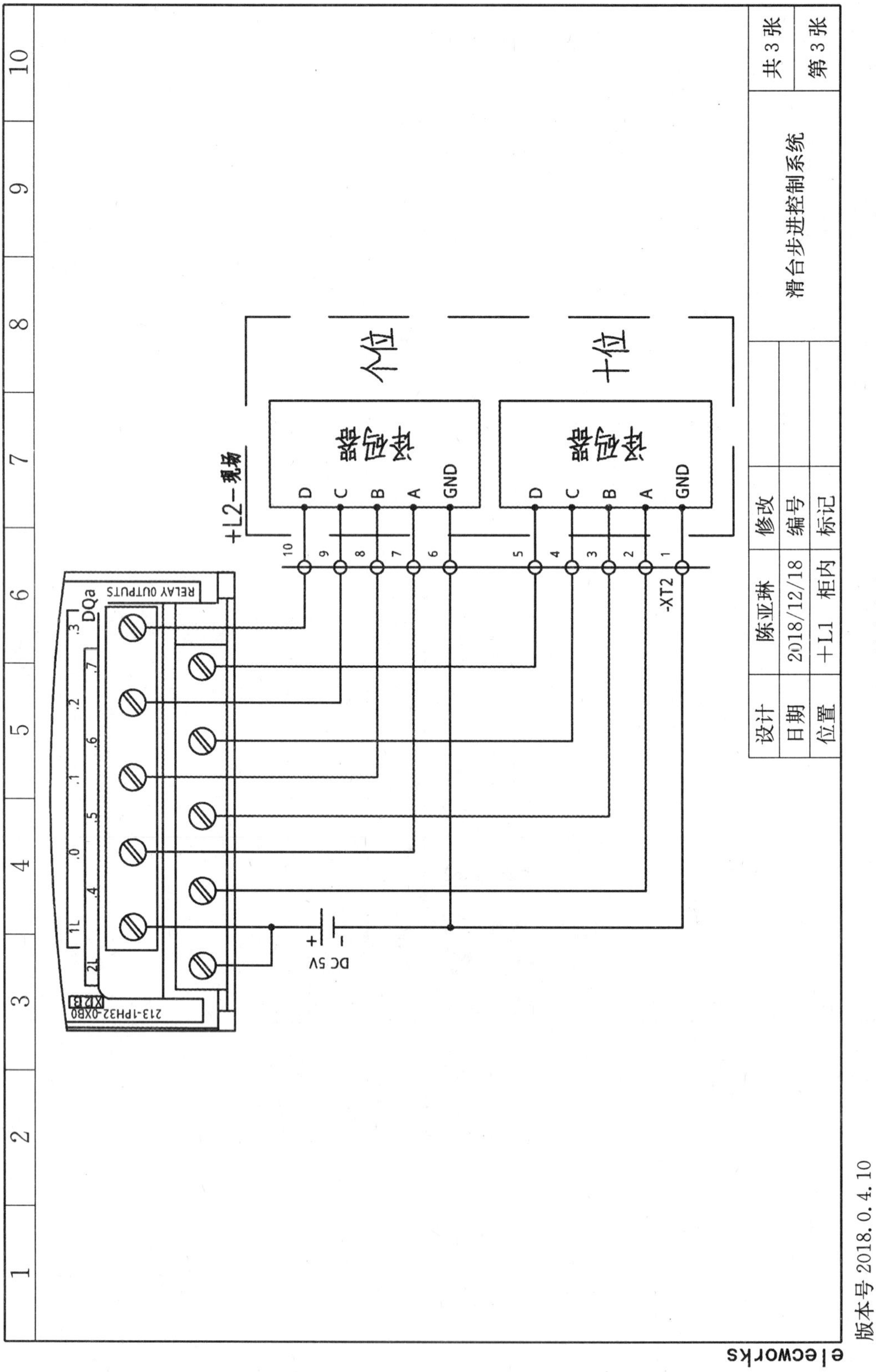

图 10 - 4　PLC 输出电路图

版本号 2018.0.4.10

elecworks

五、PLC 参数配置及程序

1. 参数配置

（1）配置高速计数器。

第一步，在 PLC 属性中启用高速计数器，弹出如图 10 - 5 所示对话框并选择 HSC1，勾选"启用该高速计数器"，选择计数类型为"计数"、工作模式为"A/B 计数器"、初始计数方向为"加计数"。

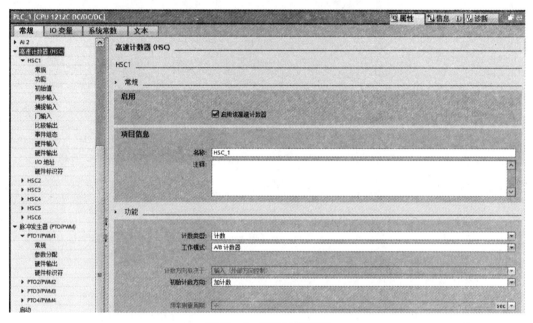

图 10 - 5 高速计数配置

第二步，点击 HSC1 的"硬件输入"，弹出如图 10 - 6 所示对话框，可以查看 HSC1 的 A 相对应输入端子为 I0.0、B 相输入端子为 I0.1、同步输入端子为 I0.3。

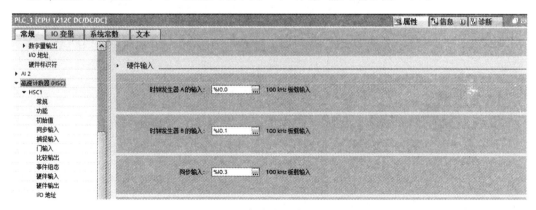

图 10 - 6 高速脉冲输入口定义

第三步，点击"IO 地址"，弹出如图 10-7 所示对话框，可以查看采集的高数计数器值存放地址为 ID1000（自动占用 1 000～1 003 四个字节）。

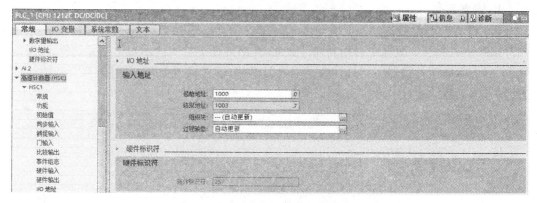

图 10-7 高速计数地址定义

第四步，点击"DI8/DQ6"下方的"数字量输入"选择"通道 0"弹出如图 10-8 所示对话框，修改"输入滤波器"为 0.2 并勾选"启用脉冲捕捉"；用同样的方法操作"通道 1"。

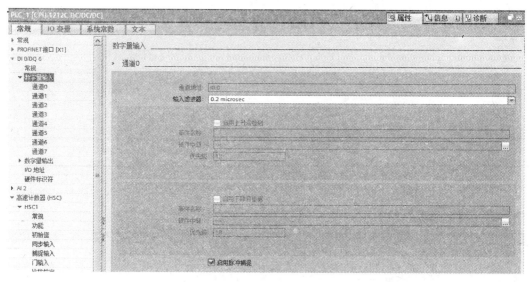

图 10-8 启用脉冲捕捉

（2）配置轴。

第一步，如图 10-9 所示，点击"脉冲发生器"中"PTO1/PWM1"，勾选"启用该脉冲发生器"，修改项目信息中名称为"步进"，在脉冲选项中将信号类型选择为"PTO（脉冲 A 和方向 B）"。

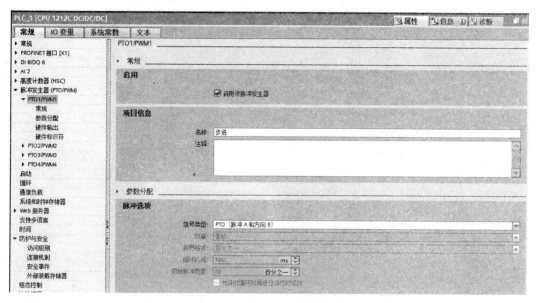

图 10－9　高速脉冲输出设置

第二步,点击"硬件输出"弹出如图 10－10 所示界面,可以查看脉冲输出端子为 Q0.0;勾选"启用方向输出",选择方向输出为 Q0.1。

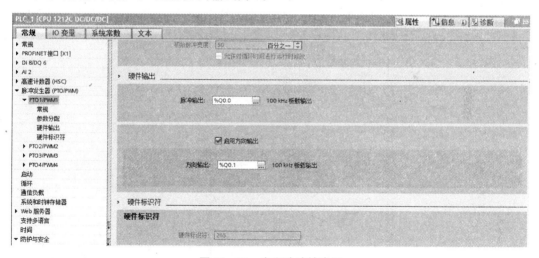

图 10－10　定义脉冲输出口

第三步,打开 PLC 程序编辑界面,在左侧项目树下"工艺对象"中点击"新增对象",弹出图 10－11 所示界面,点击"运动控制"然后修改名称为"轴_1",选择 TO_PositioningAxis 模式,点击确定。完成轴 1 的对象建立。

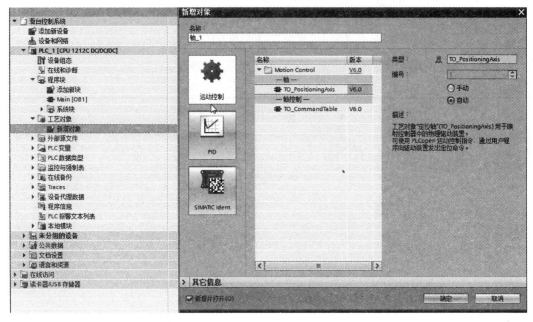

图 10-11　轴定义

第四步,对轴 1 进行配置,点击项目树下"工艺对象"中"轴_1"中"组态"如图 10-12 所示。在硬件接口中脉冲发生器选择为刚刚配置的"步进",下面的属性根据上述配置自动给出。

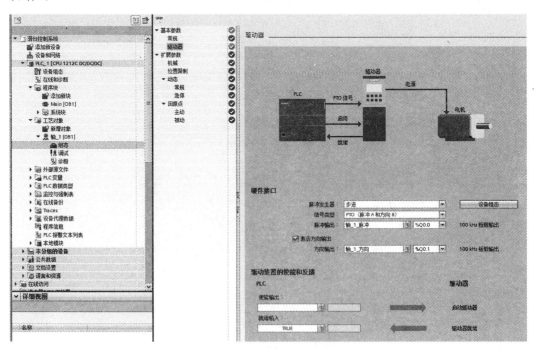

图 10-12　脉冲信号配置

第五步,根据图 10-13 来配置"扩展参数"的"机械",设置电机每转的脉冲数为"1000"、电机每转的负载位移为"20.0 mm"、所允许的旋转方向为"双向"。

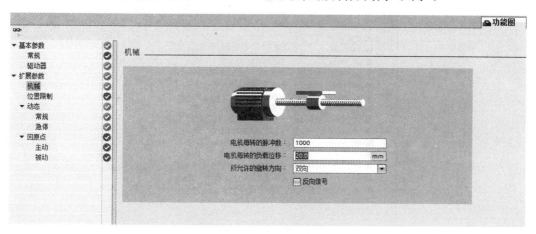

图 10-13 脉冲及位移定义

第六步,根据图 10-14 来配置"动态"的"常规"参数,选择速度限值的单位为"mm/s"、最大转速为"500.0 mm/s"、启动/停止速度为"20.0 mm/s"、加速时间为"0.1 s"、减速时间为"0.1 s"、加速度为"4 800.0 mm/s^2"、减速度为"4 800.0 mm/s^2"。

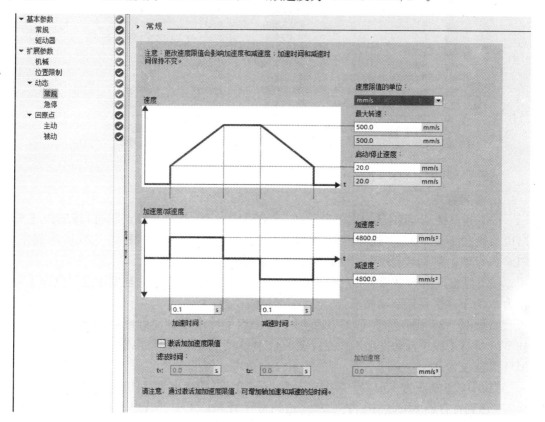

图 10-14 加减速配置

图 10 - 15 为配置的该轴所用到的所有控制指令。

名称	描述	版本
计数		V1.1
PID 控制		
Motion Control		V6.0
MC_Power	启动/禁用轴	V6.0
MC_Reset	确认错误，重新启动…	V6.0
MC_Home	归位轴，设置起始位置	V6.0
MC_Halt	暂停轴	V6.0
MC_MoveAbsolute	以绝对方式定位轴	V6.0
MC_MoveRelative	以相对方式定位轴	V6.0
MC_MoveVelocity	以预定义速度移动轴	V6.0
MC_MoveJog	以"点动"模式移动轴	V6.0
MC_CommandTable	按移动顺序运行轴作业	V6.0
MC_ChangeDynamic	更改轴的动态设置	V6.0
MC_WriteParam	写入工艺对象的参数	V6.0
MC_ReadParam	读取工艺对象的参数	V6.0

图 10 - 15　电机控制配置

图 10 - 16 为程序中关于该轴所有的变量表。

轴_1_脉冲	默认变量表	Bool	%Q0.0
轴_1_方向	默认变量表	Bool	%Q0.1
SB1	默认变量表	Bool	%I0.6
SB2	默认变量表	Bool	%I0.7
A	默认变量表	Bool	%I0.4
B	默认变量表	Bool	%I0.5
回原点	默认变量表	Bool	%M11.1
回原点反馈	默认变量表	Bool	%M11.2
绝对位置移动	默认变量表	Bool	%M11.3
Tag_11	默认变量表	DWord	%MD20
绝对位置移动速度	默认变量表	Real	%MD24
绝对位置反馈	默认变量表	Bool	%M11.4
数码管显示	默认变量表	SInt	%QB2
高数脉冲	默认变量表	DInt	%ID1000

图 10 - 16　电机控制变量

2. 参考程序

按下起动按钮 SB1 后，如图 10 - 17 所示程序中 I0.6 常开触点闭合，辅助继电器 M10.0 置位为 1、M11.1 线圈得电向轴回原点子程序发出命令，如图 10 - 25 所示程序，PLC 执行轴 1 回原点子程序使轴回到原点 SQ1 点。

按下停止按钮 SB2 后，I0.7 常开触点闭合，M10.0 开始的 14 个辅助继电器全部被复位为 0，为下一次重新起动做准备。

如图 10 - 25 所示程序，PLC 执行轴 1 回原点子程序使轴回到原点 SQ1 点之后，图 10 - 24 所示子程序自动发出回原点反馈信号 M11.2 得电，辅助继电器 M11.1 置位为 1、M11.0 复位为 0。

当 M10.1 线圈为 1 时，M10.1 常开触点闭合，辅助继电器 M10.2 线圈得电、将值 800.0 送到寄存器 MD20 中、将值 20.0 送到寄存器 MD24 中。其中 M10.2 得电时如图 10 - 23 中程序使 M11.3 线圈得电，然后如图 10 - 26 所示程序使轴 1 以绝对值模式运动，绝对位置为 MD20 中的值、速度为 MD24 中的值。

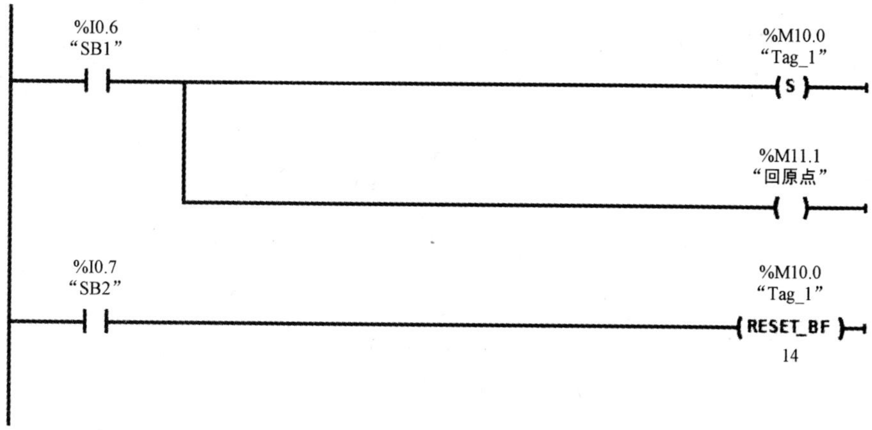

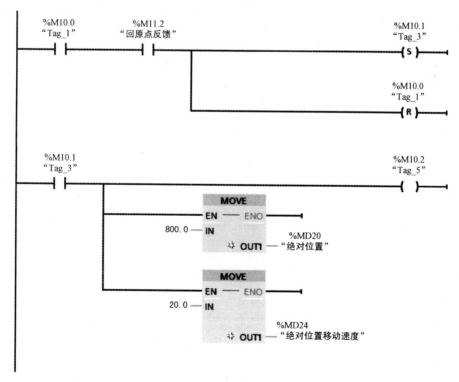

图 10-17 PLC 参考程序 1

如图 10-18 所示程序,当轴运动到达指定的绝对位置时,子程序自动发出反馈信号,M11.4 辅助继电器得电,M10.3 置位为 1、M10.1 复位为 0。

M10.3 线圈为 1 时,M10.3 常开触点闭合,定时器 T1 开始延时,延时时候到达设定值时辅助继电器 M10.4 置位为 1、M10.3 复位为 0。

图 10-18 PLC 参考程序 2

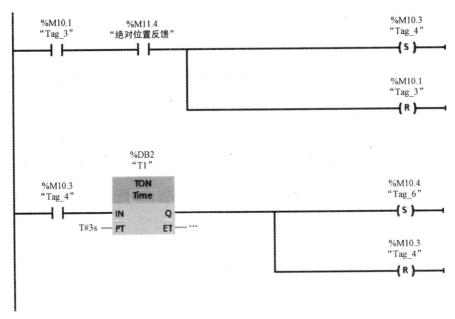

图 10-19 PLC 参考程序 3

当 M10.4 置位为 1 时，M10.4 常开触点闭合，图 10-20 所示程序中辅助继电器 M10.5 线圈得电、将值 1000.0 送到寄存器 MD20 中、值 40.0 送到寄存器 MD24 中。其中 M10.5 得电时如图 10-23 中程序使 M11.3 线圈得电，然后如图 10-26 所示程序使轴 1 以绝对值模式运动，绝对位置为 MD20 中的值、速度为 MD24 中的值。

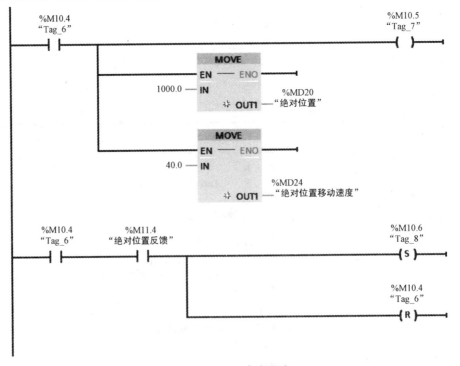

图 10-20 PLC 参考程序 4

当轴运动到达指定的绝对位置时，子程序自动发出反馈信号，M11.4 辅助继电器得电，M10.6 置位为 1、M10.4 复位为 0。

如图 10－21 所示程序中，M10.6 线圈为 1 时，M10.6 常开触点闭合，定时器 T2 开始延时，延时时间到达设定值时辅助继电器 M10.7 置位为 1、M10.6 复位为 0。

当 M10.7 置位为 1 时，M10.7 常开触点闭合，辅助继电器 M11.0 线圈得电、将值0.0 送到寄存器 MD20 中、值 30.0 送到寄存器 MD24 中。其中 M11.0 得电时如图 10－23 所示程序使 M11.3 线圈得电，然后如图 10－26 所示程序使轴 1 以绝对值模式运动，绝对位置为 MD20 中的值、速度为 MD24 中的值。

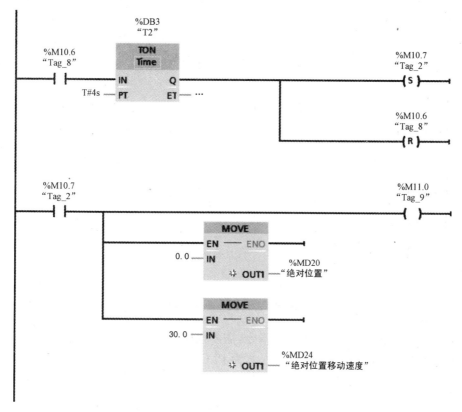

图 10－21　PLC 参考程序 5

如图 10－22 所示程序中，当轴运动到达指定的绝对位置时，子程序自动发出反馈信号，M11.4 辅助继电器得电，M10.7 复位为 0、寄存器 MD20 和 MD24 清 0。

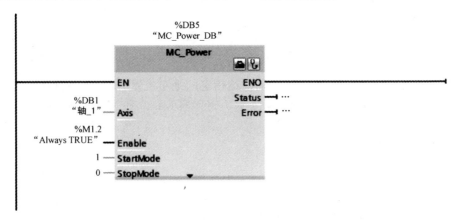

图 10-22 PLC 参考程序 6

图 10-23 PLC 参考程序 7

如图 10-24 所示为启动/禁用轴指令,需要在程序中一直调用,并且在其他运动控制指令之前调用并使能。注意程序中 M1.2 为 PLC 运行就接通。

图 10-24 PLC 参考程序 8

　　如图 10 - 25 所示为使轴回原点指令,如果想使轴做绝对位置定位之前一定要先调用该子程序使轴回到原位。注意:由于 Mode 值为 0,在执行原点复位指令时就指定当前位置为原点。

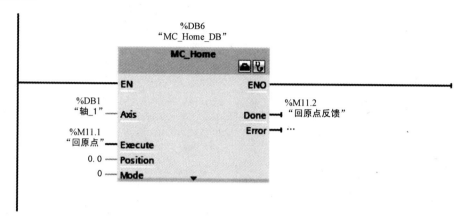

图 10 - 25　PLC 参考程序 9

　　如图 10 - 26 所示为使轴 1 做绝对位置运动子程序,其中寄存器 MD20 为绝对位置的值、寄存器 MD24 为运动的速度、M11.3 为触发指令、M11.4 为轴运动完成后的反馈信号。

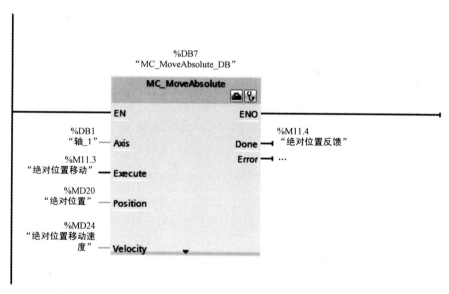

图 10 - 26　PLC 参考程序 10

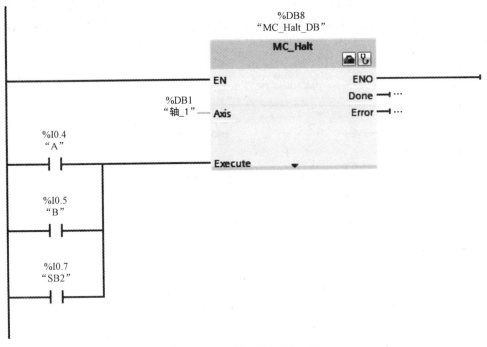

图 10‑27　PLC 参考程序 11

　　如图 10‑28 所示程序将采集到的高速计数器值 ID1000 先送到寄存器 MD28 中,然后将 MD28 中值除以 10 后存放到寄存器 MD40 中,将长整型值 MD 转化成整型值存放到寄存器 MW32 中,然后将 MW32 值转换成 16 位 BCD 码值存放在寄存器 MW34 中,然后将 MW32 值转化成短整型值存放到 QB2 中,最后通过外部电路的译码器驱动数码管显示。

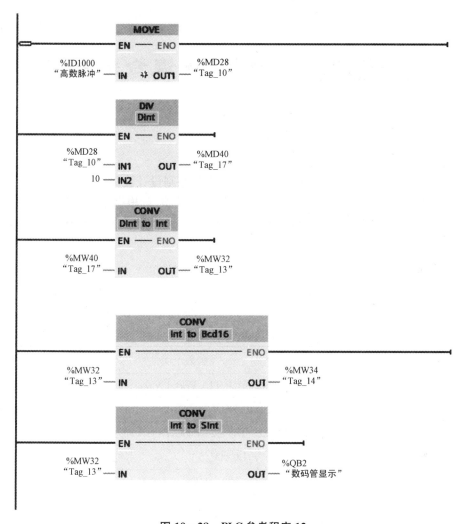

图 10-28　PLC 参考程序 12

六、项目录入视频

扫一扫见"滑台控制系统"视频

项目十一　　多种液体混合控制系统

一、项目描述

多种液体混合系统是按系列化、标准化、通用化原则设计液体混合操作控制系统。此系统配有搅拌电机、加热棒、液位传感器以及多个电磁阀，可根据配置不同的混合液体改变液体加入比例、搅拌时间和加热温度。本任务以某液体混合控制系统为例，要求使用PLC控制并编写程序实现控制要求。

二、准备单

见表 11-1。

表 11-1　准备单

序号	设备	参数	数量	备注
1	计算机	安装有西门子 TIA Portal V14	1	
2	PLC	S7-1214C DC/DC/DC	1	配网线
3	信号模块	SM 1223/DI8×24V DC,DQ8×RLY	1	
4	直流电源	AC220V/DC24V/5A	1	
5	液位传感器	变送器 0～120 cm/DC 0～10 V	2	
6	按钮	1 开	2	
7	电磁阀		4	
8	接触器	DC24V	3	
9	加热器	AC220V	1	
10	转换开关		1	
11	导轨	35 mm	1	
12	导线	0.75 mm²	20	

三、控制要求

如图 11-1 所示为某多种液体混合系统，初始状态，混合罐是空的，阀 YV1、YV2、YV3、YV4 为 OFF，搅拌电动机 M 为 OFF，加热器为 OFF。SA 为模式开关，打在左边为"循环"，打在右边为"单周期"。混合罐内液位高度检测传感器检测范围为 0～120 cm，经液位变送器后输出 DC 0～10 V。

　　按下起动按钮 SB1,阀 YV1 打开,液体 A 进,当液位高度到达 40 cm,阀 YV1 关闭,阀 YV2 打开,液体 B 进,当液位高度到达 70 cm,阀 YV2 关闭,阀 YV3 打开,当液位高度到达 110 cm,阀 YV3 关闭,搅拌电动机 M 起动,以正转 4 s 停 2 s,再反转 3 s 停 1 s 运行,3 个周期后搅拌停止,加热器 H 启动,当加热到达设定温度,温度开关 T 闭合,停止加热。打开放液阀 YV4,混合液体放出,当液体全部放出后关闭放液阀 YV4。10 s 后,SA"循环"则再次重复以上流程,若 SA"单周期"则系统停止运行。

　　系统在运行过程中按下停止按钮 SB2,系统不立即停止,需要完成整个加工过程后停止。

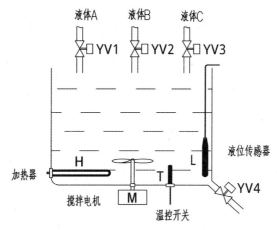

图 11 - 1　多种液体混合示意图

四、电气线路图

　　图 11 - 2 为主电路电气原理图,主电路是典型的三相异步电动机正反转电路和交流接触器控制加热棒电路;图 11 - 3 为输入端子图,输入信号有设备 SB1 - SB2、SA、T 以及液位变送器 DC 0～10 V;图 11 - 4 为输出端子图,输出信号有七个,分别为四个电磁阀 YV1、YV2、YV3、YV4,控制加热的线圈 KM3,正转线圈 KM1 和反转的线圈 KM2,需要注意是为了防止两相短路事故,在输出电路上需要将两线圈进行电气联锁。

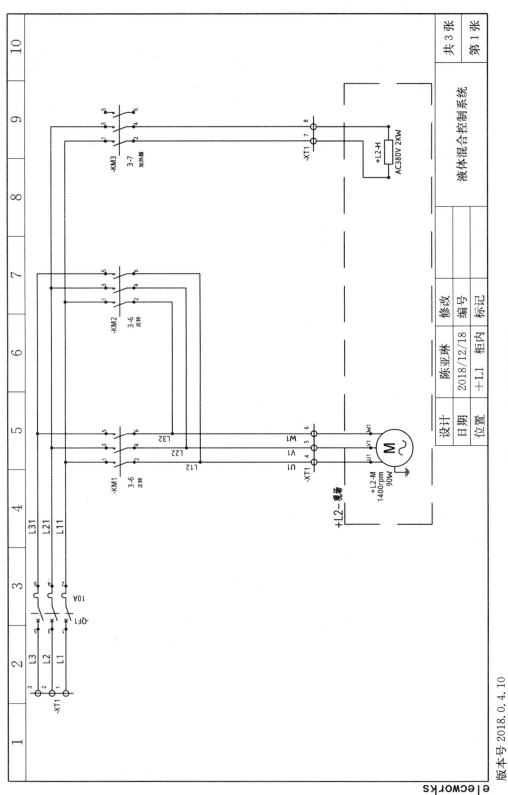

图 11－2 电气主电路图

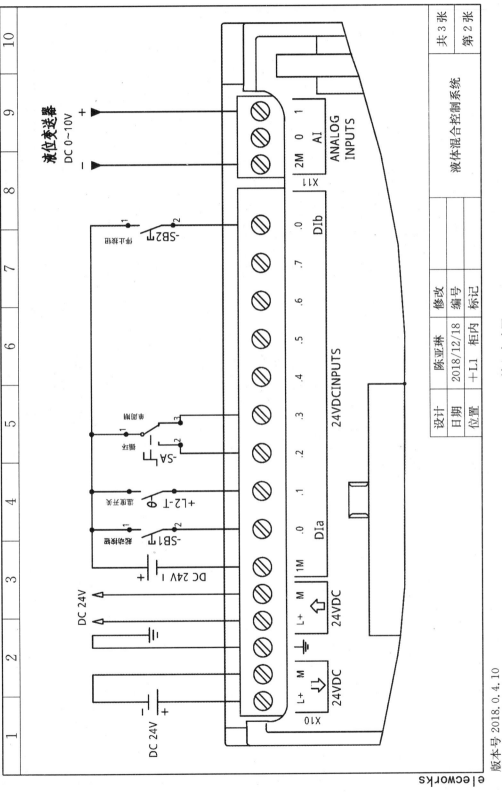

图 11-3　PLC输入电路图

版本号 2018.0.4.10

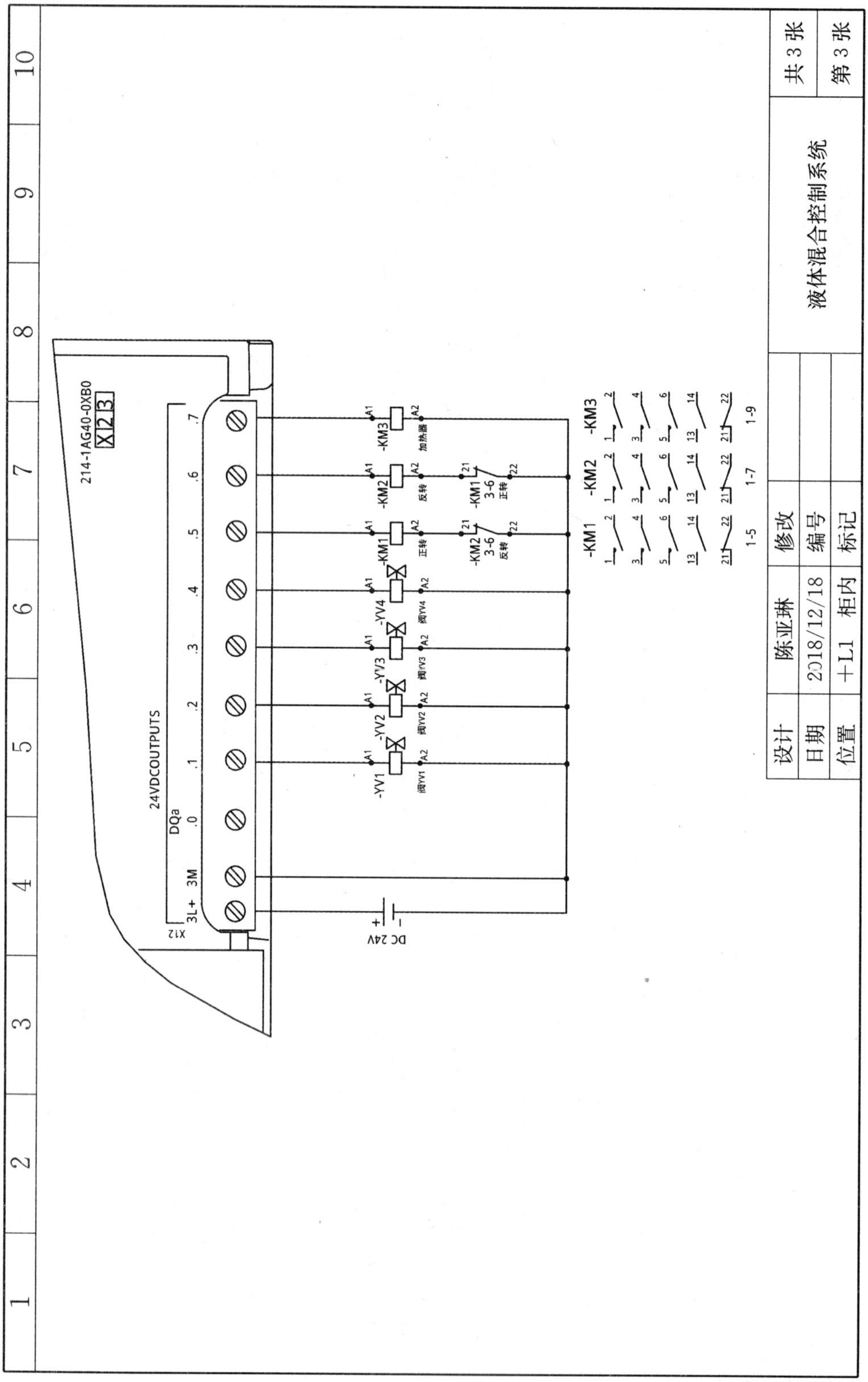

图 11 - 4　PLC 输出电路图

五、PLC 参考程序

按下起动按钮 I0.0,M6.0 置位,阀 YV1 打开,液体 A 进入;到达 40 cm,M6.1 置位,M6.0 复位,阀 YV2 打开,液体 B 进入;到达 70 cm,M6.2 置位,M6.1 复位,阀 YV3 打开,液体 C 进入;到达 110 cm,M6.4 置位,M6.3 复位,电机 M 搅拌,正转 4 s 停 2 s,再反转 3 s 停 1 s,搅拌 3 个周期停止。M6.5 置位,M6.4 复位,加热器 H 启动,到达设定温度,M6.6 置位,M6.5 复位,开始放液。10 s 后,开始循环,如图 11－5 所示。

```
%M1.0                                                    %M6.0
"FirstScan"                                              "Tag_1"
──┤├──────┬───────────────────────────────────────────────( S )──

%I0.0     │                                              %M6.1
"起动"     │                                              "Tag_2"
──┤├──────┘                                          ──(RESET_BF)──
                                                           10

%I0.0         %I1.0                                      %M2.0
"起动"         "停止"                                     "Tag_30"
──┤├──────┬────┤/├──────────────────────────────────────────( )──

%M2.0     │
"Tag_30"  │
──┤├──────┘

%M6.0         %I0.0                                      %M6.1
"Tag_1"       "起动"                                      "Tag_2"
──┤├───────────┤├──────┬─────────────────────────────────────( S )──
                       │
                       │                                 %M6.0
                       │                                 "Tag_1"
                       └─────────────────────────────────────( R )──

%M6.1                                                    %Q0.1
"Tag_2"                                                  "YV1"
──┤├──────┬─────────────────────────────────────────────────( )──
          │
          │    %MW20                                     %M6.2
          │    "液位"                                     "Tag_3"
          ├──────┤>=├──────┬──────────────────────────────────( S )──
          │      Int       │
          │      40        │                             %M6.1
          │                 │                            "Tag_2"
          │                 └──────────────────────────────────( R )──
```

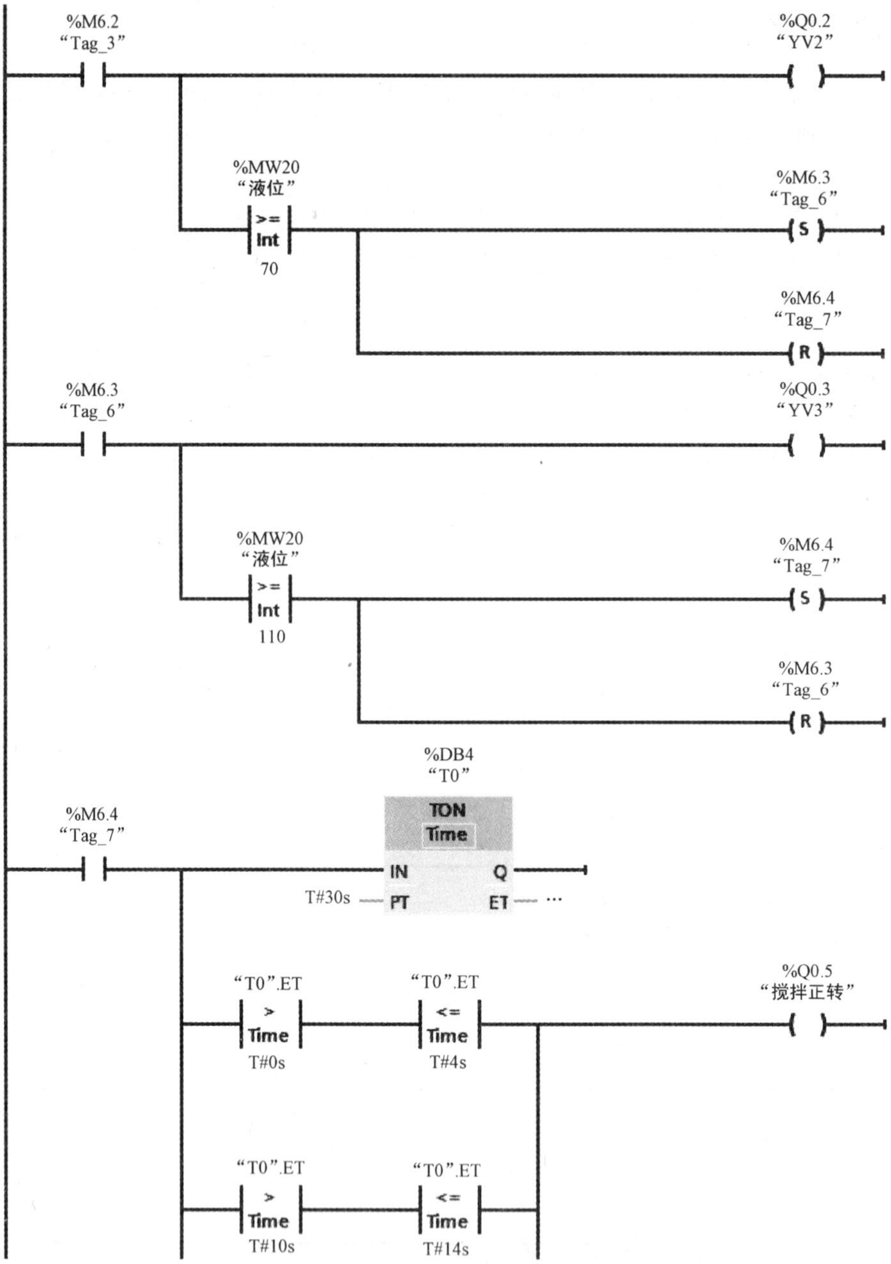
%M6.2
"Tag_3"
%Q0.2
"YV2"
%MW20
"液位"
>=
Int
70
%M6.3
"Tag_6"
S
%M6.4
"Tag_7"
R
%M6.3
"Tag_6"
%Q0.3
"YV3"
%MW20
"液位"
>=
Int
110
%M6.4
"Tag_7"
S
%M6.3
"Tag_6"
R
%DB4
"T0"
TON
Time
%M6.4
"Tag_7"
IN
Q
T#30s
PT
ET
...
"T0".ET
>
Time
T#0s
"T0".ET
<=
Time
T#4s
%Q0.5
"搅拌正转"
"T0".ET
>
Time
T#10s
"T0".ET
<=
Time
T#14s

```
        "T0".ET              "T0".ET
        ┤  >  ├              ┤ <=  ├
         Time                 Time
        T#20s                T#24s

                                                                    %Q0.6
        "T0".ET              "T0".ET                              "搅拌反转"
        ┤  >  ├              ┤ <=  ├──────────────────────────────( )──────
         Time                 Time
        T#7s                 T#9s

        "T0".ET              "T0".ET
        ┤  >  ├              ┤ <=  ├
         Time                 Time
        T#17s                T#19s

        "T0".ET              "T0".ET
        ┤  >  ├              ┤ <=  ├
         Time                 Time
        T#27s                T#29s

                                                                    %M6.5
        "T0".Q                                                    "Tag_14"
        ┤  ├──────────┬─────────────────────────────────────────────(S)──────
                      │
                      │                                             %M6.4
                      │                                            "Tag_7"
                      └─────────────────────────────────────────────(R)──────

        %M6.5                                                        %Q0.7
       "Tag_14"                                                    "加热器H"
    ────┤  ├──────────┬─────────────────────────────────────────────( )──────
                      │
                      │   %I0.1                                      %M6.6
                      │  "温度开关"                                  "Tag_15"
                      └────┤  ├──────┬──────────────────────────────(S)──────
                                     │
                                     │                              %M6.5
                                     │                             "Tag_14"
                                     └──────────────────────────────(R)──────
```

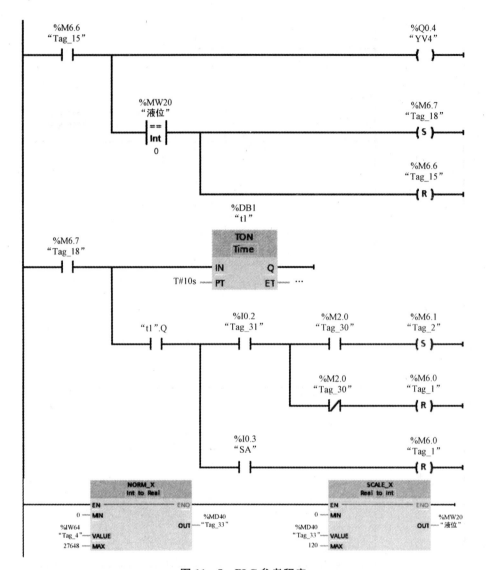

图 11-5 PLC 参考程序

六、项目录入视频

扫一扫见"多种液体混合"视频

項目十二　炉温控制系统

一、项目描述

温度是工业生产中常见的工艺参数之一,因此温度控制是常见的生产自动化控制。本项目由传感器采集温度信号通过 A/D 转换传送给 PLC 进行数据处理并按控制要求对控制对象进行控制。

二、准备单

见表 12-1。

表 12-1　准备单

序号	设备	参数	数量	备注
1	计算机	安装有西门子 TIA Portal V14	1	
2	PLC	S7-1214C DC/DC/DC	1	配网线
3	信号模块	SM 1223/DI8×24V DC,DQ8×RLY	1	
4	直流电源	AC220V/DC24V/5A	1	
5	限位行程开关		4	
6	温度传感器	含变换器,0~1 000 ℃/DC 0~10 V	1	
7	接触器	线圈 DC24V	4	
8	三相异步电动机		2	
9	导轨	35 mm	1	
10	导线	0.75 mm²	20	

三、控制要求

如图 12-1 所示,金属材料需要进行热处理,现有一热处理炉,工件由一台交流三相异步电动机 M1 拖动的小车往返处理炉运送,炉门由一台交流异步电动机 M2 拖动开关门,由调压器调节电加热炉电压,调压器的输入电压为 AC 380 V,控制信号为 PLC 的 D/A 输出的 AO DC 0~10 V,调压器输出电压为 AC 0~380 V。炉门完全开启的上限位为 SQ1,关闭的下限位为 SQ2,运送工件的小车炉外原点限位为 SQ3,炉内终点限位为 SQ4,炉温测量温度传感器量程为 0~1 000 ℃,经温度变送器输出 DC 0~10 V,用两个 BCD 码型数码管显示炉内实时温度。

初始状态,电动机 M1、M2、加热器为 OFF,炉门关闭 SQ2 为 ON,运送工件的小车停止炉外原点,SQ3 为 ON。

按下起动按钮 SB1,炉门电动机 M2 正转,开炉门,当炉门完全打开,SQ1 闭合,炉门电动机停;送料小车电动机 M1 正转,将工件运送至加热炉内,当工件到达终点,SQ4 闭合,小车停;关闭炉门,炉门电动机 M2 反转 SQ1 复位,当炉门完全关闭,SQ2 闭合,炉门电动机停止;加热器以 AC 290 V 运行,20 s 后切换为 AC 180 V 运行,对工件进行加热,当炉温达到设定的 820 ℃停止加热,保温 15 s 后打开炉门,炉门电动机 M2 正转,压下上限位 SQ1 后,炉门电动机停止;送料小车电动机 M1 反转,拖动已处理好的工件至炉外原点,压下 SQ3 后小车停止;关闭炉门,炉门电动机 M2 反转,炉门完全关闭,压下 SQ2,炉门电动机停止,20 s 后继续按以上工艺流程对下一工件处理。

系统运行中按下停止按钮 SB2,系统不立即停止,只有整个处理过程完成后系统才停止。系统设有必要的过载、过流、短路保护。

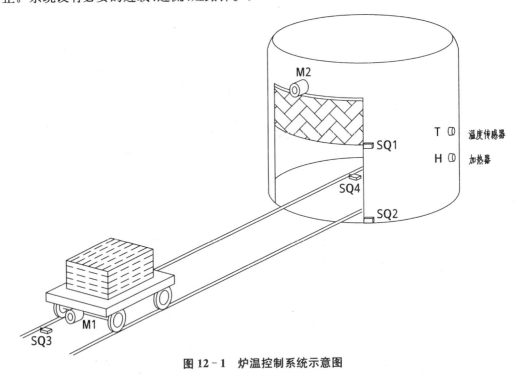

图 12-1　炉温控制系统示意图

四、电气线路图

图 12-2 为主电路电气原理图,主电路是一个调压模块控制加热棒的电路图和典型的两个三相异步电机正反转电路;图 12-3 为输入端子图,输入信号有按钮 SB1～SB2 和限位开关 SQ1～SQ4 以及温度变送器 0～10 V;图 12-4 为输出端子图,输出信号有四个,分别为正转线圈 KM1、KM2 和反转的线圈 KM3、KM4,需要注意是为了防止两相短路事故,在输出电路上需要将两线圈进行电气联锁;图 12-5 为输出 BCD 编码图,控制个位、十位两块数码管。

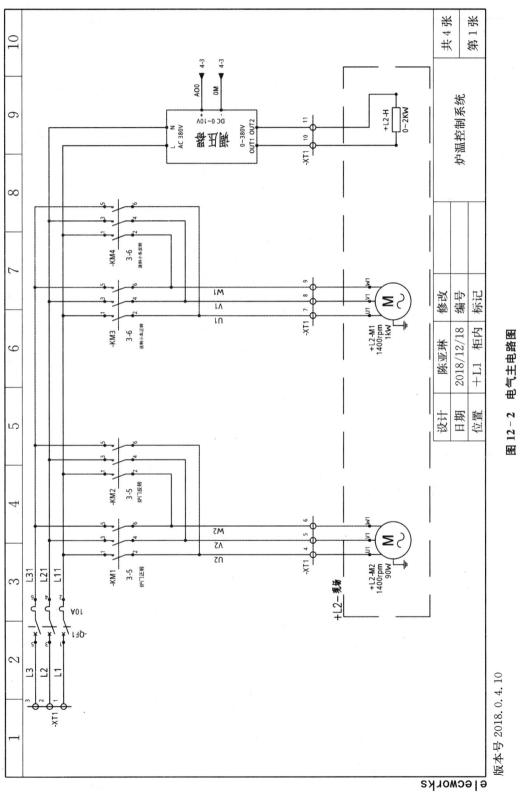

图 12 - 2　电气主电路图

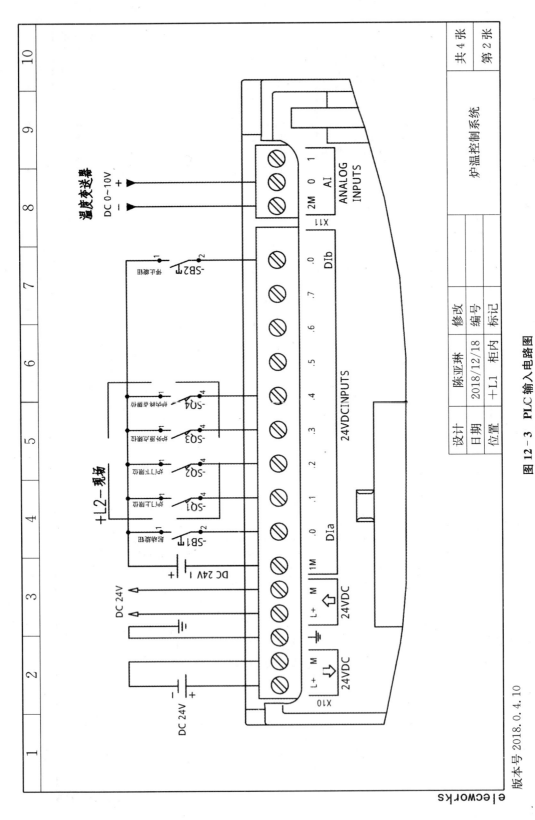

图 12 - 3　PLC 输入电路图

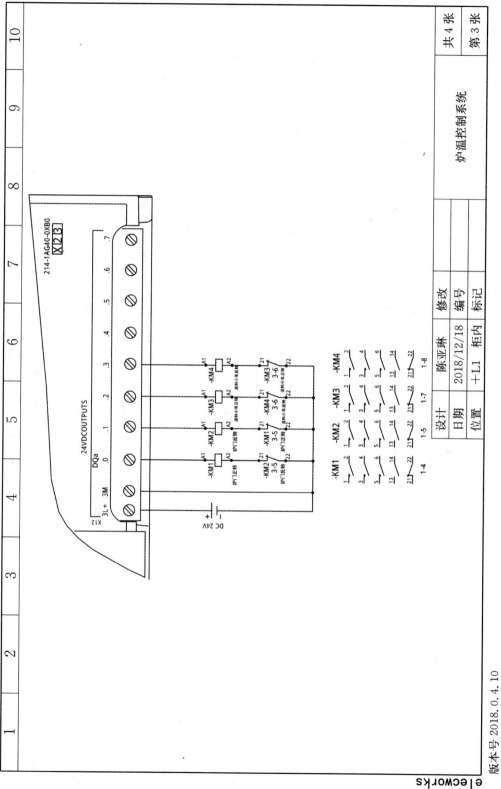

图 12 - 4　PLC 输出电路图

版本号 2018.0.4.10

eIecworks

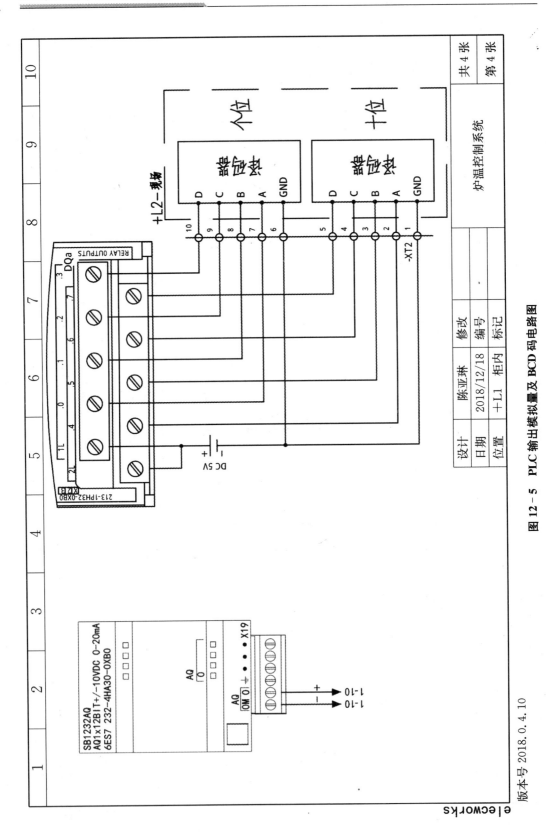

图 12-5 PLC 输出模拟量及 BCD 码电路图

炉温控制系统

设计	陈亚琳	修改		编号	.
日期	2018/12/18				
位置	+L1 柜内			标记	

共 4 张
第 4 张

版本号 2018.0.4.10

五、PLC 参考程序

按下按钮 SB1,M6.1 置位,炉门电机 M2 正转,完全打开,SQ1 闭合;M6.1 复位,M6.2 置位,送料电机 M1 正转,当达到终点,SQ4 闭合;M6.2 复位,M6.3 置位,炉门电机 M2 反转,完全闭合,SQ2 闭合,M6.3 复位,M6.4 置位如图 12 - 6 所示。

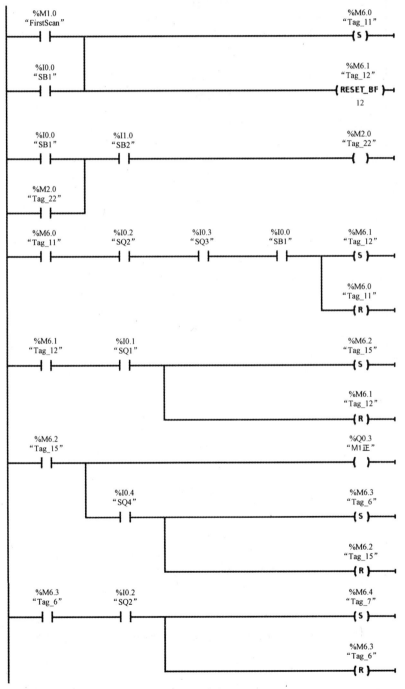

图 12 - 6　PLC 参考程序 1

电热器以 290 V 运行,加热 20 s,M6.4 复位,M6.5 置位;电热器改为 180 V 运行,当炉温达到 820 ℃,M6.5 复位,M6.6 置位,保温 15 s;M6.6 复位,M6.7 置位,炉门电机 M2 正转,闭合 SQ1,M6.7 复位,M7.0 置位;送料电机 M1 反转,闭合 SQ3,M7.0 复位,M7.1 置位;炉门电机 M2 反转,闭合 SQ2,计时 20 s,开始循环。

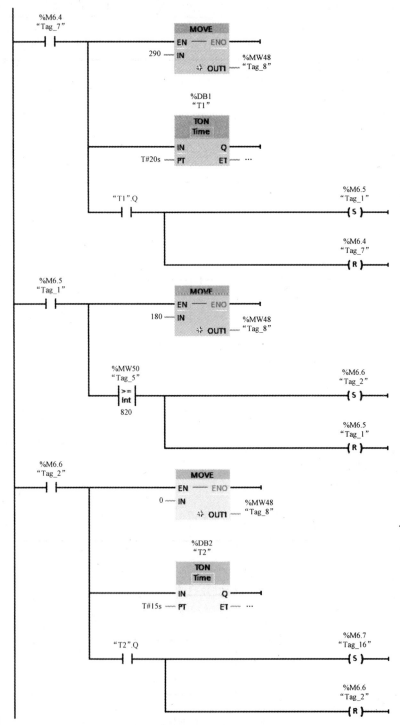

```
  %M6.7        %I0.1                                      %M7.0
 "Tag_16"     "SQ1"                                      "Tag_17"
 ──┤├──────────┤├──────┬──────────────────────────────────( S )──

                       │                                   %M6.7
                       │                                  "Tag_16"
                       └──────────────────────────────────( R )──


  %M7.0                                                    %Q0.4
 "Tag_17"                                                 "M1反"
 ──┤├──────────┬───────────────────────────────────────────( )──

               │    %I0.3                                   %M7.1
               │   "SQ3"                                   "Tag_18"
               │ ───┤├──────┬──────────────────────────────( S )──

               │            │                               %M7.0
               │            │                              "Tag_17"
               └────────────┴──────────────────────────────( R )──


                                              %DB3
                                              "T3"
                                          ┌──────────┐
                                          │   TON    │
                                          │   Time   │
  %M7.1        %I0.2                       │          │
 "Tag_18"     "SQ2"                        IN       Q │
 ──┤├──────────┤├──────┬───────────────────┤          ├────
                       │              T#20s─┤PT     ET │ ···
                       │                   └──────────┘
                       │
                       │    "T3".Q      %M2.0         %M6.1
                       │               "Tag_22"      "Tag_12"
                       │ ───┤├──────────┤├────────────( S )──
                       │
                       │                %M2.0         %M6.0
                       │               "Tag_22"      "Tag_11"
                       │ ───────────────┤/├───────────( S )──
                       │
                       │                              %M7.1
                       │                             "Tag_18"
                       └──────────────────────────────( R )──


  %M6.1                                                    %Q0.1
 "Tag_12"                                                 "M2正"
 ──┤├──────────┬───────────────────────────────────────────( )──

  %M6.7         │
 "Tag_16"       │
 ──┤├───────────┘


  %M6.3                                                    %Q0.2
 "Tag_6"                                                  "M2反"
 ──┤├──────────┬───────────────────────────────────────────( )──

  %M7.1         │
 "Tag_18"       │
 ──┤├───────────┘
```

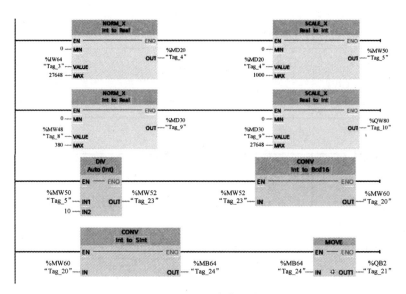

图 12-7 PLC 参考程序 2

六、项目录入视频

扫一扫见"炉温控制系统"视频

项目十三　液位控制系统（开环）

一、项目描述

液位控制是工业常见的过程控制，本项目以 PLC 为控制器，通过液位传感器测量水箱液位高度对水泵转速进行分段控制达到水位控制要求。

二、准备单

见表 13 - 1。

表 13 - 1　准备单

序号	设备	参数	数量	备注
1	计算机	安装有西门子 TIA Portal V14	1	
2	PLC	S7 - 1214C DC/DC/DC	1	配网线
3	信号模块	SM 1223/DI8×24V DC,DQ8×RLY	1	
4	直流电源	AC220V/DC24V/5A	1	
5	按钮	1 开 1 闭	2	
6	交流变频器	V20/0.55kW	1	
7	水泵		1	
8	液位传感器	变送器 0～150 cm/DC 0～10 V	1	
9	三相异步电动机	90 W	1	
10	导轨	35 mm	1	
11	导线	0.75 mm²	20	
12	触摸屏	MCGS TPC7062Ti	1	

三、控制要求

如图 13-1 所示,某水箱的液位高度系统采用 PLC 控制,变频器驱动的水泵电动机为水箱供水,水箱下有一个手动控制水阀。水箱高度为 120 cm,液位高度使用投入式液位传感器,传感器量程为 0~150 cm,液位变送器输出为 DC 0~10 V。

初始状态,水箱空,电动机停止。

按下起动按钮 SB1,变频器以 50 Hz 运行,当液位高度达到水箱的 70%时,变频器以 40 Hz 运行,当液位高度达到水箱的 80%时,变频器以 30 Hz 运行,当液位高度达到水箱 90%时,变频器以 20 Hz 运行,当液位高度达到水箱 95%时,水泵电动机停止运行。

系统运行中按下停止按钮 SB2,系统立即停止。

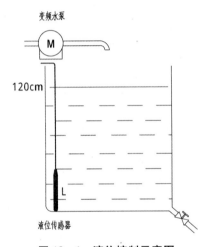

图 13-1 液位控制示意图

四、电气线路图

图 13-2 为主电路电气原理图,主电路是变频器多段速控制的电路;图 13-3 为输入端子图,输入信号有按钮 SB1~BS2 以及液位变送器 0~10 V;图 13-4 为输出端子图,输出信号有三个,分别为变频器多段速控制对应的变频器输入点。

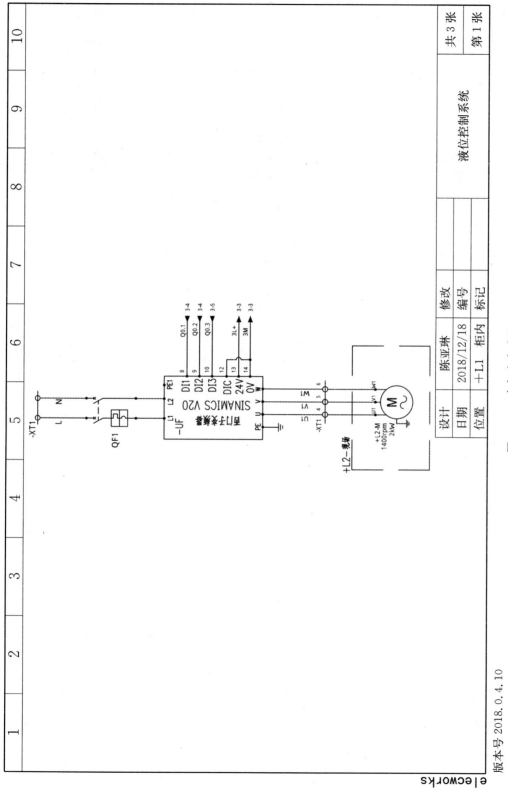

图 13-2 电气主电路图

	设计	陈亚琳		修改		共 3 张
	日期	2018/12/18		编号		第 1 张
	位置	+L1 柜内		标记		液位控制系统

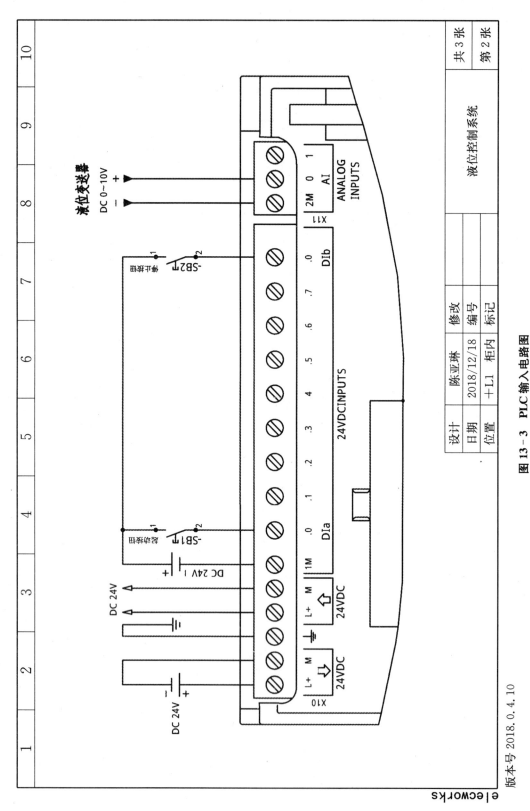

图 13-3 PLC 输入电路图

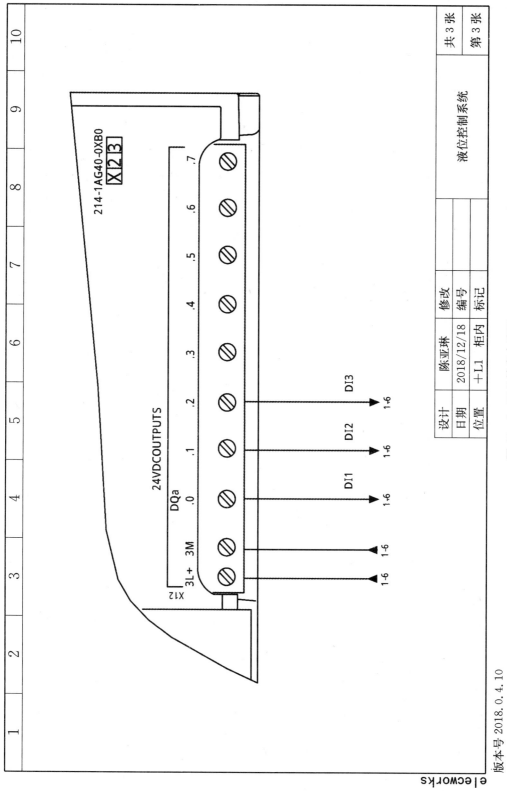

图 13 - 4 PLC 输出电路图

五、PLC 参考程序

如图 13-5 所示，按下起动按钮，M10.0 得电，变频器以 50 Hz 运行；经过标准化缩放，当液位达到 70%，变频器 40 Hz 运行；当液位达到 80%，变频器 30 Hz 运行；当液位到达 90%，变频器 20 Hz 运行；当液位到达 95% 时，电机停止，在任意时刻，按下按钮 SB2，电机都停止。

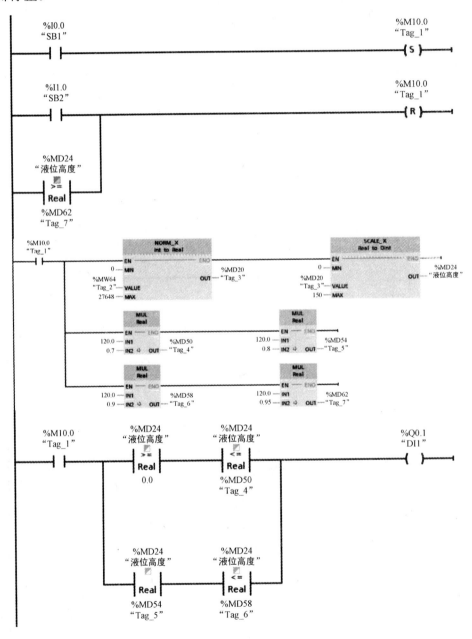

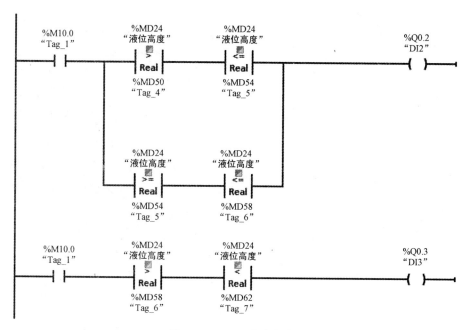

图 13 - 5　PLC 参考程序

六、变频器主要参数

使用二进制方式多段速相关参数见表 13 - 2。

表 13 - 2　主要参数设定

变频器参数	设定值	功能说明	备注
P10	30	组合参数用于恢复出厂设置	参数复位需等待片刻
P970	1		
P10	1	进入调试模式	
P0100	0	选择工作地	0 欧洲 50 Hz
P0304	根据电机铭牌配置	电机额定电压	
P0305	根据电机铭牌配置	电机额定电流	
P307	根据电机铭牌配置	电机额定功率	
P310	根据电机铭牌配置	电机额定频率	
P0311	根据电机铭牌配置	电机额定转速	
P1900	0	选择电机数据识别	静止识别电机数据
P10	0	退出调试模式	
P3	3	访问级	专家

（续表）

变频器参数	设定值	功能说明	备注
P700	2	选择命令源	端子
P1000	3	频率设定值选择	固定频率
P1016	2	固定频率模式	二进制选择
P701	15	固定频率设定值	DI1 的功能为固定频率选择位 0
P702	16	固定频率设定值	DI2 的功能为固定频率选择位 1
P703	17	固定频率设定值	DI3 的功能为固定频率选择位 2
P840	1025.0	ON/OFF1 功能	任意一个或多个
P1001	50	固定频率 1(Hz)	
P1002	40	固定频率 2(Hz)	
P1003	30	固定频率 3(Hz)	
P1004	20	固定频率 4(Hz)	
P1120	1 s	斜坡上升时间	
P1121	1 s	斜坡下降时间	

段速控制端子使用格雷码的方式组合实现多段速控制,其中格雷码中四个数字从左向右依次对应 DI4、DI3、DI2、DI1 这四个符号,而且在机器盒子中四个数字从左向右 S1、S2、S3、S4。四位二进制数与格雷码对应关系见表 13－3。

表 13－3　格雷码

十进制段速	自然二进制码	格雷码
1	0001	0001
2	0010	0011
3	0011	0010
4	0100	0110
5	0101	0111
6	0110	0101
7	0111	0100
8	1000	1100
9	1001	1101

七、知识链接——V20 变频器的使用

1. 变频驱动的意义

各类电动机已经成为人类生产、生活中最重要的动力机械,其地位与作用是其他动力

机械不可比拟的。在各类电动机中笼型异步电动机以其结构简单坚固,运行可靠、价格低廉等优势在电力拖动领域独占鳌头。

由变频器传动电动机实现交流调速,首先可以实现节能,同时可以提高生产效率,实现生产自动化,这是人们长期以来的愿望。电力电子器件的发展,最新微处理器技术的应用和变频器控制理论的不断创新,使交流变频技术飞速发展。

2. V20 变频器调试

（1）内置基本操作面板（BOP）如图 13-6 所示。

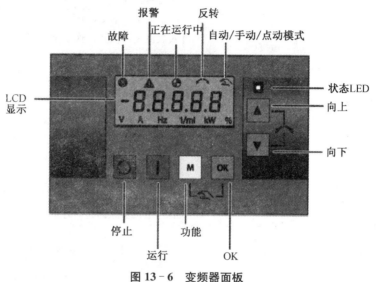

图 13-6 变频器面板

（2）BOP 面板按键功能见表 13-4。

表 13-4 面板按键功能

图标	功能	操作	说明
○	停止变频器	单击	OFF1 停车方式:电机按参数 P1121 中设置的斜坡下降时间减速停车。 若变频器配置为 OFF1 停车方式,则该按钮在"自动"运行模式下无效。
		双击(<2 s)或长按(>3 s)	OFF2 停车方式:电机不采用任何斜坡下降时间按惯性自由停车。
I	启动变频器	单击	若变频器在"手动"/"点动"运行模式下启动,则显示变频器运行图标(🌐)。 若当前变频器受外部端子控制(P0700=2,P1000=2)并处于"自动"运行模式,该按钮无效。

（续表）

图标	功能	操作	说明
M（方框图标）	多功能按钮	短按（<2 s）	进入参数设置菜单或转至下一显示画面。 就当前所选项重新开始按位编辑。 返回故障代码显示画面。 在按位编辑模式下连续两次即返回编辑前画面。
		长按（>2 s）	返回状态显示画面。 进入设置菜单。
OK（黑底图标）	确认按钮	短按（<2 s）	在状态显示数值间切换。 进入数值编辑模式或换至下一位。 清除故障。 返回故障代码显示画面。
		长按（>2 s）	快速编辑参数号或参数值。 访问故障信息数据。
M + OK	组合键	手动/点动/自动	M+OK 自动模式（无图标） → 手动模式（显示手形图标） → 点动模式（显示闪烁的手形图标） 只有当电机停止运行时才能启用点动模式。
▲	上翻按钮	单击	当浏览菜单时，按下该按钮即向上选择当前菜单下可用的显示画面。 当编辑参数值时，按下该按钮增大数值。 当变频器处于"运行"模式，按下该按钮增大速度。 长按（>2 s）该按钮快速向上滚动参数号、参数下标或参数值。
▼	下翻按钮	单击	当浏览菜单时，按下该按钮即向下选择当前菜单下可用的显示画面。 当编辑参数值时，按下该按钮减小数值。 当变频器处于"运行"模式，按下该按钮减小速度。 长按（>2 s）该按钮快速向下滚动参数号、参数下标或参数值。
▲ + ▼	组合键	单击	使电机反转。按下该组合键一次启动电机反转。 再次按下该组合键撤销电机反转。变频器上显示反转图标（↶）表明输出速度与设定值相反。

（3）变频器状态图标见表 13-5。

表 13-5　面板显示

✖	变频器存在至少一个未处理故障。	
⚠	变频器存在至少一个未处理报警。	
◓	◓	变频器在运行中(电机转速可能为 0 rpm)。
	◓（闪烁）	变频器可能被意外上电(例如,霜冻保护模式时)。
⌒	电机反转	
✍	✍	变频器处于"手动"模式。
	✍（闪烁）	变频器处于"点动"模式。

（4）变频器菜单结构见表 13-6。

表 13-6　菜单功能

菜单	描述
50/60 Hz 频率选择菜单	此菜单仅在变频器首次上电时或者工厂复位后可见。
显示菜单(默认显示)	显示诸如频率、电压、电流、直流母线电压等重要参数的基本监控画面。
设置菜单	通过此菜单访问用于快速调试变频器系统的参数。
参数菜单	通过此菜单访问所有可用的变频器参数。

（5）BOP 面板各参数设置步骤如图 13-7 所示。

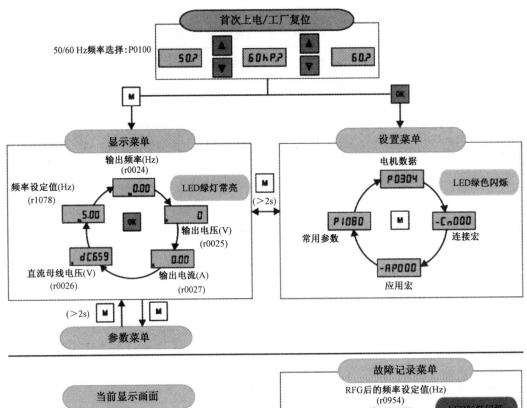

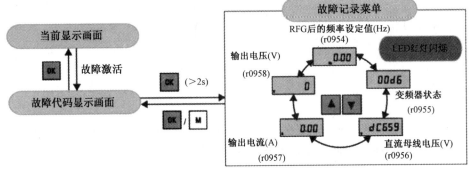

图 13-7　参数设置

八、触摸屏组态

如图 13-8 所示，在设备管理器中添加需要通信的设备。如图 13-9 所示，可以添加变量和修改设备 IP 地址。

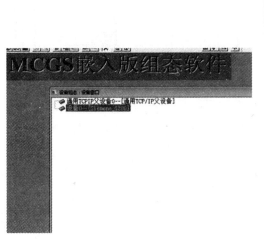

图 13 - 8　设备窗口

图 13 - 9　父设备属性设置

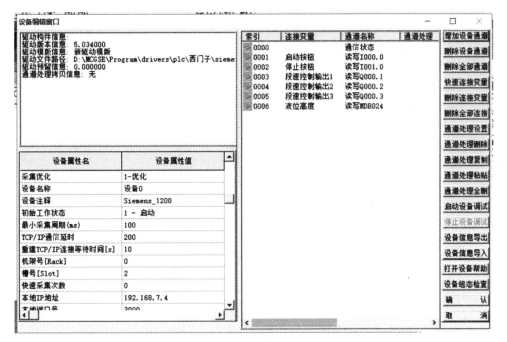

图 13 - 10　通道变量连接及设备属性值

如图 13 - 11 所示，触摸屏组态画面。

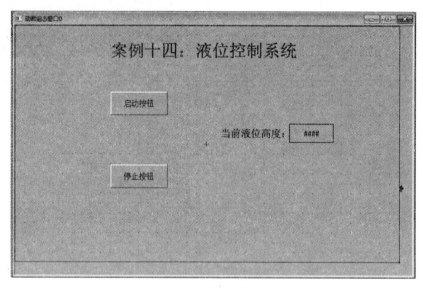

图 13 - 11　组态窗口编辑

九、项目录入视频

扫一扫见"液位控制系统"视频

项目十四 液体加热恒温控制系统

一、项目描述

本项目在简易的温度控制系统基础上加入了算法控制。由传感器采集温度信号，PLC 进行数据处理和 PID 算法调节，控制调压模块以达到控制要求。

二、准备单

见表 14 - 1。

表 14 - 1　准备单

序号	设备	参数	数量	备注
1	计算机	安装有西门子 TIA Portal V14	1	
2	PLC	S7 - 1214C DC/DC/DC	1	配网线
3	信号模块	SM 1223/DI8×24V DC,DQ8×RLY	1	
4	直流电源	AC220V/DC24V/5A	1	
5	触摸屏	MCGS TPC7062Ti	1	
6	按钮	1 开 1 闭	2	
7	交流调压器	AC380/DC24V	1	
8	加热器		1	
9	温度传感器	变送器 0～120 ℃/DC 0～10 V	1	
10	导轨	35 mm	1	
11	导线	0.75 mm²	20	

三、控制要求

某加热容器温度系统采用 PLC 控制，由调压器调节电加热器电压，调压器的输入电压为 AC 380 V，控制信号为 PLC 的 D/A 输出的 AO DC 0～10 V，调压器输出电压为 AC 0～380 V，温度传感器的量程为 0～120 ℃，变送器输出 DC 0～10 V。

触摸屏作为操作和监控界面，可以设定加热温度，显示实时温度。

按下起动按钮 SB1，加热器起动加热，当温度到达设定温度时，由于外界条件的扰动，调压器实时调节加热电压，使温度恒定在设定值。

系统运行中按下停止按钮 SB2，系统立即停止。

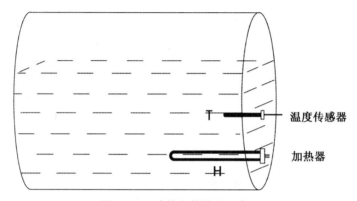

图 14-1　液体加热控制示意图

四、电气线路图

图 14-2 为主电路电气原理图，主电路是调压模块控制加热棒的电路；图 14-3 输入端子图，输入信号有 SB1～SB2 以及温度变送器 0～10 V；图 14-4 为输出端子图，输出信号为模拟量输出 0～10 V。

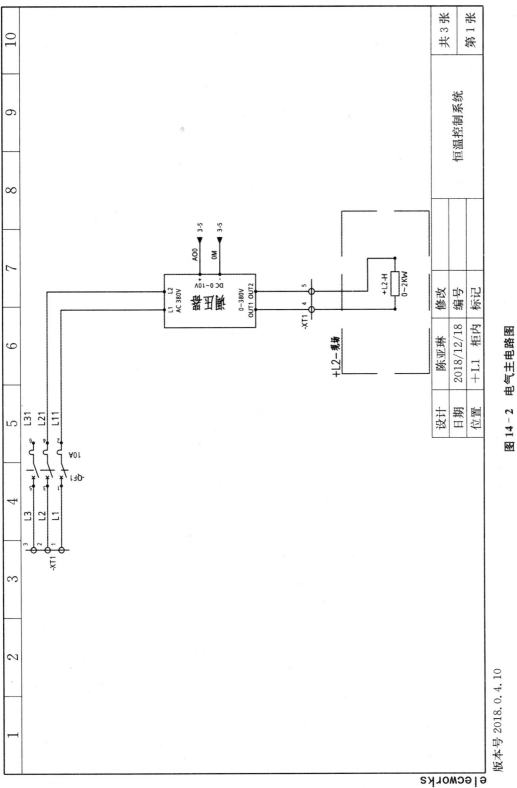

图 14－2　电气主电路图

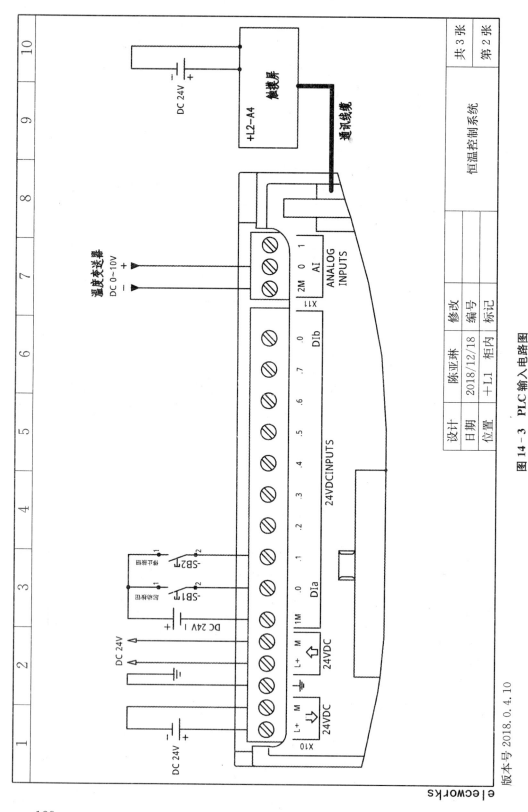

图 14 - 3　PLC 输入电路图

设计	陈亚琳	修改	共 3 张
日期	2018/12/18	编号	恒温控制系统
位置	＋L1 柜内	标记	第 2 张

版本号 2018. 0. 4. 10

elecworks

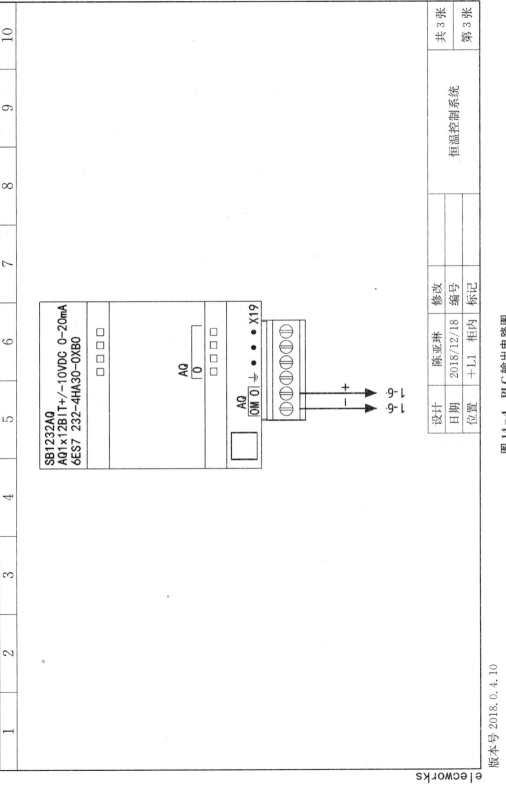

图 14 - 4　PLC 输出电路图

五、PID 控制器介绍

S7-1200 CPU 提供了 PID 控制器回路数量受到 CPU 的工作内存及支持 DB 块数量限制。严格上说并没有限制具体数量，但实际应用推荐客户不要超过十六路 PID 回路。可同时进行回路控制，用户可手动调试参数，也可使用自整定功能，提供了两种自整定方式由 PID 控制器自动调试参数。

PID 控制器功能主要依靠三部分实现，循环中断块，PID 指令块，工艺对象背景数据块。用户在调用 PID 指令块时需要定义其背景数据块，而此背景数据块需要在工艺对象中添加，称为工艺对象背景数据块。PID 指令块与其相对应的工艺对象背景数据块组合使用，形成完整的 PID 控制器。PID 控制器结构如图 14-5 所示。

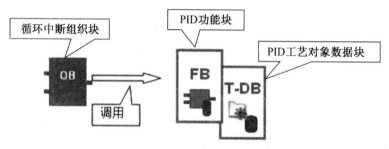

图 14-5　PID 控制器结构

S7-1200 PID 功能有三条指令可供选择，分别为 PID_Compact，PID_3Step，PID_Temp。用户需要根据实际需求选择 PID 指令，选择方法如图 14-6 所示。

在本系统应用到"PID_Compact"通用型如图 14-7 所示。

"PID_Compact"指令块的参数分为输入参数与输出参数两部分。其指令块的视图分为扩展视图与集成视图，在不同的视图下看见的参数是不一样的，在集成视图中可看到如给定值、反馈值、输出值等最基本的默认参数，这些参数可实现控制器最基本的控制功能，而在扩展视图中，有更多如手自动切换，模式切换等的相关参数，使用这些参数可使控制器具有更丰富的功能如图 14-8 所示。

"Setpoint"：自动模式下 PID 控制器的设定目标值。

"Input"：PID 控制器的反馈值（工程量）。

"Input_PER"：PID 控制器的反馈值（模拟量）。

"Output"：PID 的输出值（REAL 形式）。

"Output_PER"：PID 的输出值（模拟量）。

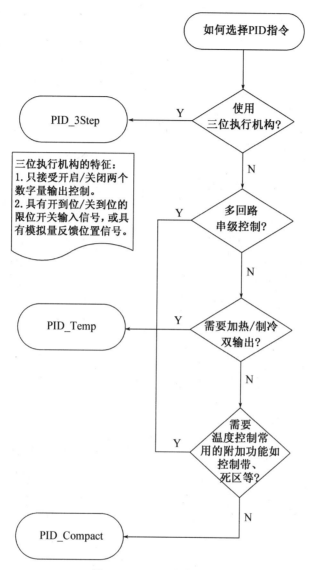

图 14-6　PID 指令选择

名称	描述	版本
▶ 📁 计数和测量		V3.1
▼ 📁 PID 控制		
▼ 📁 Compact PID		V6.0 ▼
🔳 PID_Compact	集成了调节功能的通用 PID 控制器	V2.3
🔳 PID_3Step	集成了阀门调节功能的 PID 控制器	V2.3
🔳 PID_Temp	温度 PID 控制器	V1.1
▶ 📁 PID 基本函数		V1.1
▶ 📁 帮助功能		V1.0
▶ 📁 运动控制		V3.0
▶ 📁 时基 IO		V1.3

图 14-7　PID 控制器

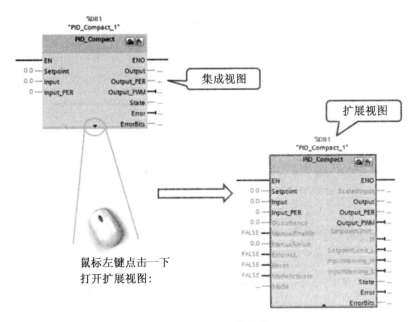

图 14-8　PID 指令块

　　添加之前必须添加循环中断，需要在循环中断里添加 PID_Compact 指令。当添加完指令后，在项目树→工艺对象文件夹中，会自动关联 PID_Compact_x[DBx]，包含其组态界面和调试功能，如图 14-9 所示。

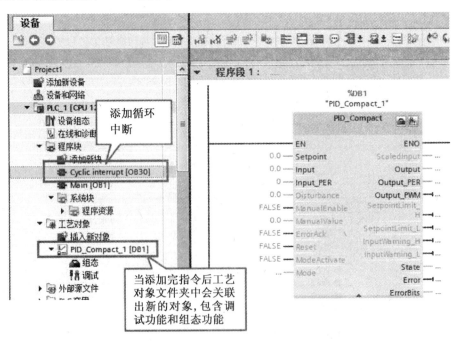

图 14-9　添加"PID_Compact"

使用 PID 控制器前,需要对其进行组态设置,分为基本设置、过程值设置、高级设置等部分,如图 14‑10 所示。

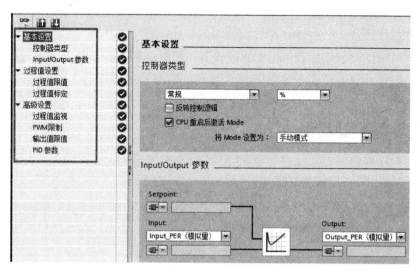

图 14‑10 "PID_Compact"组态界面

PID 控制器能否正常稳定运行,需要符合实际运行系统及工艺要求的参数设置。每套系统控制要求不同,所对应的控制参数也不相同。可通过手动调试参数访问的方式,在调试面板中观察曲线图后修改对应的 PID 参数。也可使用系统提供的参数自整定功能。如图 14‑11 所示。

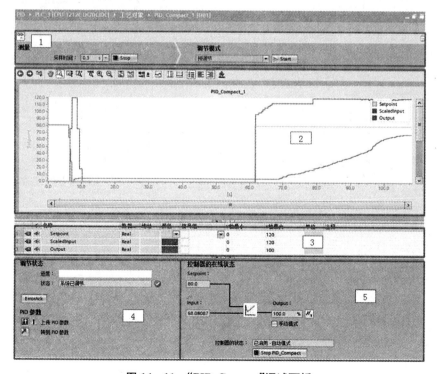

图 14‑11 "PID_Compact"调试面板

在自整定过程中,可在执行预调节和精确调节时获得最佳 PID 参数。

预调节功能可确定对输出值跳变的过程响应,并寻找拐点。根据受控系统的最大上升速率与时间计算 PID 参数。过程值越稳定,PID 参数就越容易计算,计算的结果精度也会越高。

精确调节将使过程值出现恒定受限的振荡。将根据频率和振荡的幅度为操作点调节 PID 参数。所有 PID 参数都根据结果重新计算。精确调节得出的 PID 参数通常比预调节得出的 PID 参数具有更好的主控和扰动特性。

六、PID 参数配置及程序

在编写程序在前要先添加循环中断,需要在循环中断中添加 PID_Compact 指令。在循环中断的属性中,可以修改其循环时间,如图 14 - 12 所示。

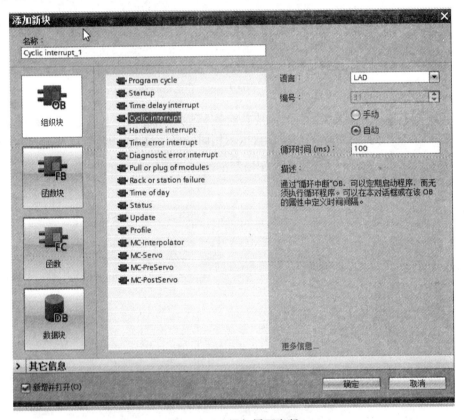

图 14 - 12   添加循环中断

当添加完 PID_Compact 指令后,在项目树→工艺对象文件夹中,会自动关联出 PID_Compact_x[DBx],包含其组态界面和调试功能,如图 14 - 13 所示。

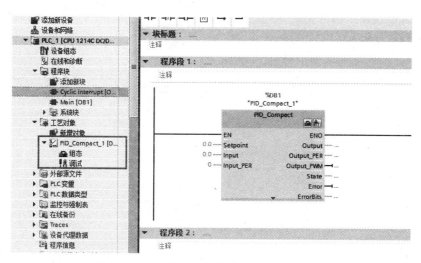

图 14 - 13 工艺对象中关联生成 PID_Compact

使用 PID 控制器前,需要对其进行组态设置,分为基本设置、过程值设置、高级设置等部分,如图 14 - 14 所示。

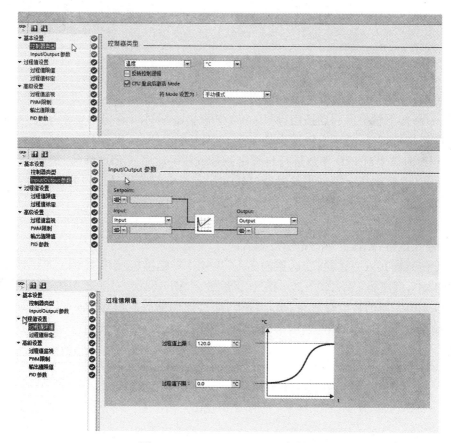

图 14 - 14 PID_Compact 组态界面

S7－1200 提供了两种整定方式：预调节和精确调节。可在执行预调节和精确调节时获得最佳 PID 参数，如图 14－15 所示。

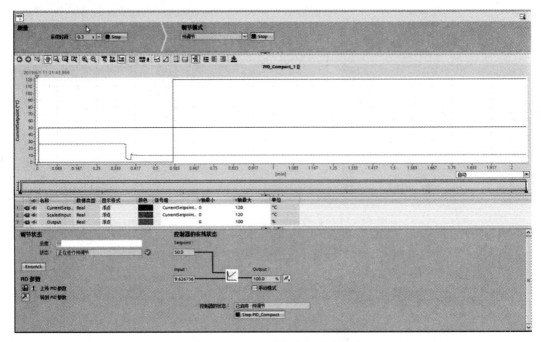

图 14－15　启动自整定曲线图

在启动系统前，在触摸屏上设好设定温度（MD116），如图 14－20 所示，按下起动按钮 SB1（I0.0）或按下触摸屏起动按钮（M10.0），中间变量 M10.0 得电自锁系统起动运行，触摸屏上运行指示灯亮，循环中断块中的 M10.0 常开触点闭合，执行 PID 指令进行调节，初次调节 PID 时需要对 PID 参数进行自整定调节或者手动输入 PID 参数，参数调节到最佳状态后，上传参数到指令中。当前温度（MD104）和设定温度值（MD116）比较进行 PID 调节，使当前温度到达设定温度值。

当按下停止按钮 SB2（I1.0）或按下触摸屏停止按钮（M10.2）时，中间变量 M10.0 失电，系统停止运行，触摸屏运行指示灯熄灭。

温度传感器接入变送器，变送器输出 DC0～10 V 标准电压接入 PLC 模拟量输入信号（IW64）中，程序将 IW64（0～27 648）比例缩放到 MD104（0～120 ℃）中，方便处理。

PID 调节完后的数值存放在 MD108 中，经过比例缩放后值存放在 QW80，在由对应模拟量输出一个 0～10 V 电压，用来控制调压模块，如图 14－16 所示。

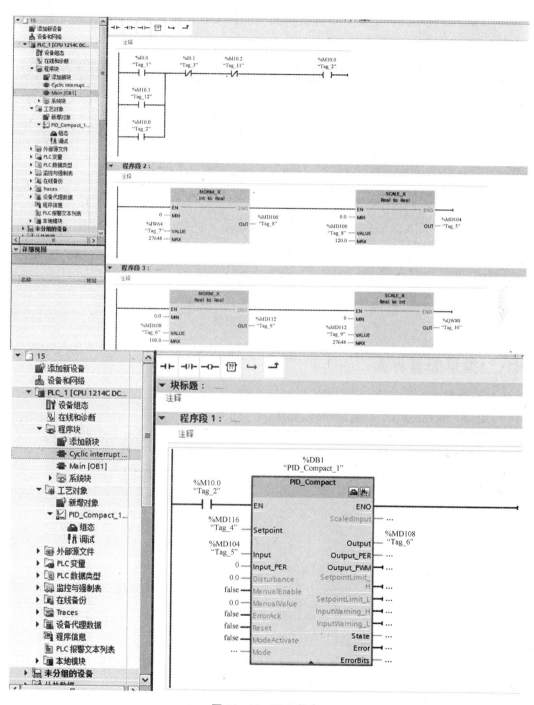

图 14-16　PLC 程序

在 CPU 属性中防护与安全→连接机制→允许来自远程对象的 PUT/GET 通信访问,勾选上,如图 14-17 所示。

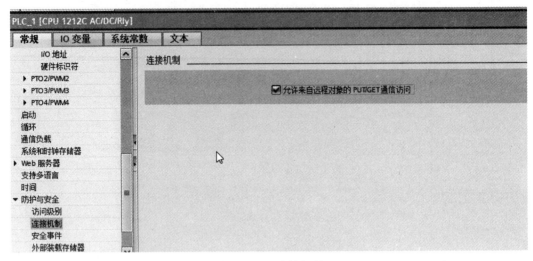

图 14-17 连接机制

七、触摸屏配置界面

打开触摸屏软件新建一个工程,打开设备窗口,右击鼠标在设备管理中添加"通用 TCP/IP"和"Siemens_1200"通信硬件,如图 14-18 所示。

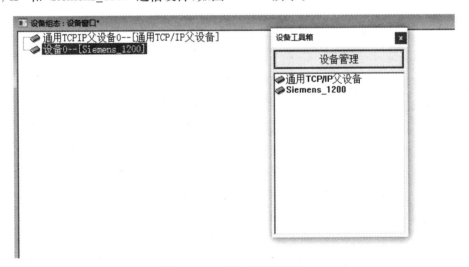

图 14-18 添加通信及硬件

双击"Siemens_1200"打开"设备编辑窗口",如图 14-19 所示,左边在"增加设备通道"里面可以添加所需要的连接变量。右边在"本地 IP 地址"里面填写触摸屏的 IP 地址,"远端 IP 地址"填写 PLC 的 IP 地址,点击"确定"→"保存"。

图 14-19　添加变量

　　在用户窗口里新建一个窗口,打开窗口,在窗口中添加所需要的元件,连接好对应的变量,如图 14-20 所示。

　　对应的变量如下:

　　温度设定:MD116;实时温度显示:MD104;运行指示灯:M10.0;启动按钮:M10.1;停止按钮:M10.2。

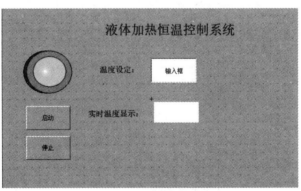

图 14-20　触摸屏界面

八、项目录入视频

扫一扫见"液体加热恒温控制系统"视频

项目十五　恒液位控制系统 1

一、项目描述

本项目可根据水池的压力变化,通过控制器 PLC 中的 PID 算法通过 0～10V 模拟量控制变频器调节水泵的转速,使水池的水位保持在工艺规定的液位。

二、准备单

见表 15-1。

表 15-1　准备单

序号	设备	参数	数量	备注
1	计算机	安装有西门子 TIA Portal V14	1	
2	PLC	S7-1214C DC/DC/DC	1	配网线
3	信号模块	SM 1223/DI8×24V DC,DQ8×RLY	1	
4	信号板	AQ/2324/12 位	1	
4	直流电源	AC220V/DC24V/5A	1	
5	按钮	1 开 1 闭	2	
6	交流变频器	V20/0.55kW	1	
7	水泵		1	
8	液位传感器	变送器 0～150 cm/DC 0～10 V	1	
9	三相异步电动机	90 W	1	
10	导轨	35 mm	1	
11	导线	0.75 mm²	20	

三、控制要求

如图 15-1 所示,某水箱的液位高度系统采用 PLC 控制,变频器驱动的水泵电动机为水箱供水,水箱下有一个手动控制水阀。水箱高度为 120 cm,液位高度使用投入式液位传感器,传感器量程为 0～150 cm,液位变送器输出为 DC 0～10 V,变频器控制信号 DC 0～10 V。

触摸屏作为操作和监控界面,可以设定液位高度,显示实时液位。

初始状态,水箱空,电动机停止。

按下起动按钮 SB1,变频器全速运行,当接近设定液位高度时,变频器启动 PID 调节,水箱下的放液阀可手动调节开度大小,变频器实时调节水泵电动机的运行频率,使液位恒定在设定值。

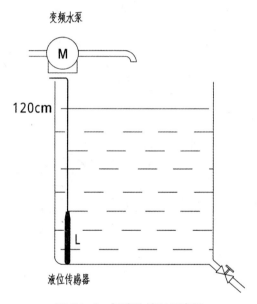

图 15-1　恒液位控制示意图

四、电气线路图

图 15-2 为主电路电气原理图,主电路是变频器模拟量输入电路;图 15-3 为输入端子图,输入信号有按钮 SB1～SB2 以及液位变送器 0～10 V;图 15-4 为输出端子接线图,输出信号为 0～10 V。

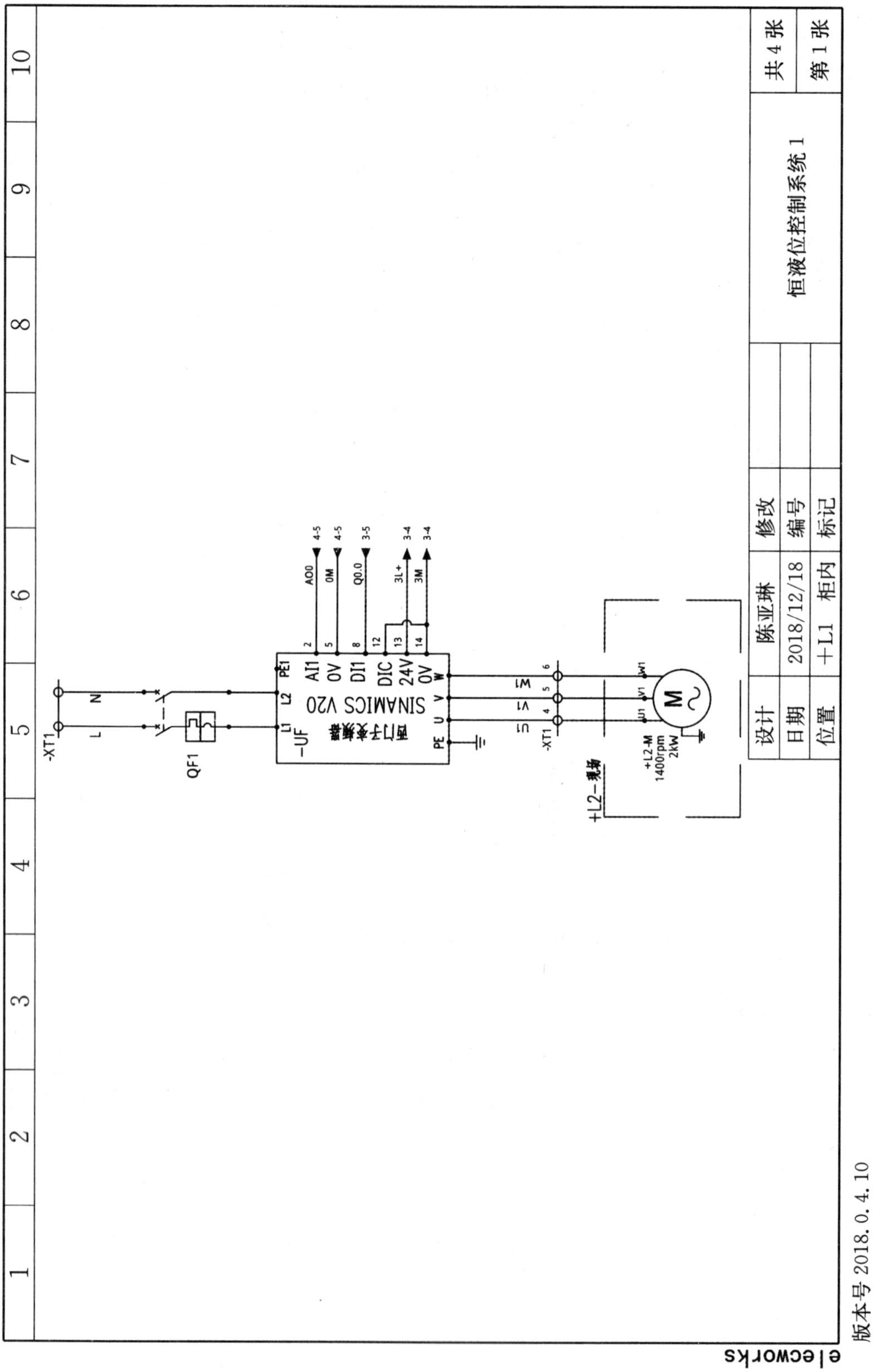

-XT1
L
N
QF1
-UF
SINAMICS V20
L1
L2
PE1
AI1
0V
DI1
DIC
24V
0V
PE
U
V
W
2
5
8
12
13
14
AO0
0M
Q0.0
3L+
3M
4-5
4-5
3-5
3-4
3-4
U1
V1
W1
4
5
6
M
+L2-M
1400rpm
2kW
设计
陈亚琳
修改
日期
2018/12/18
编号
位置
+L1 柜内
标记
恒液位控制系统 1
共 4 张
第 1 张
版本号 2018.0.4.10
elecworks

图 15-2 电气主电路图

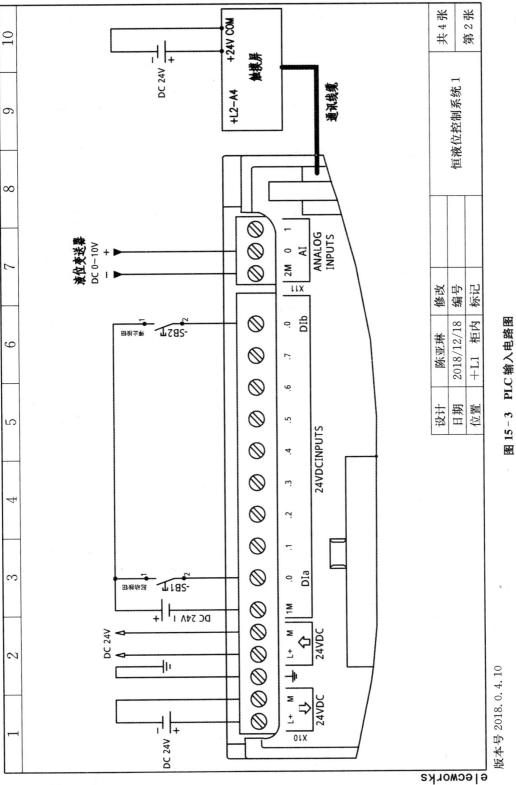

图 15-3 PLC 输入电路图

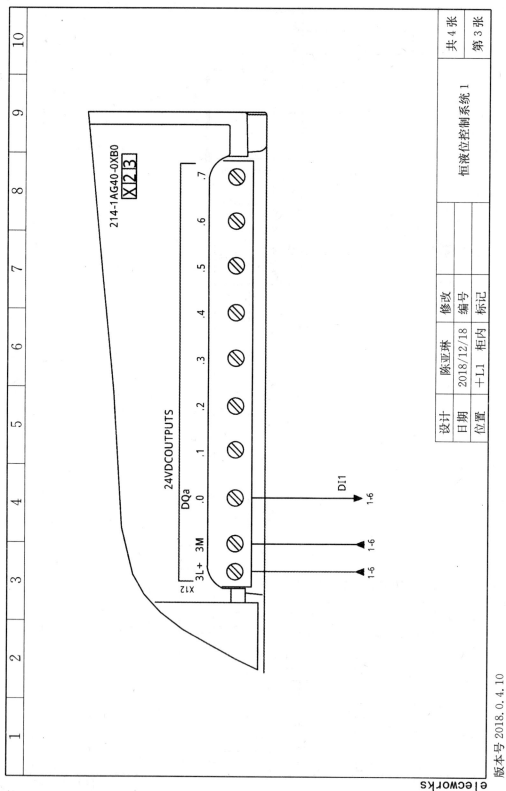

图 15-4 PLC 输出电路图

设计	陈亚琳	修改		共 4 张
日期	2018/12/18	编号	恒液位控制系统 1	第 3 张
位置	+L1 柜内	标记		

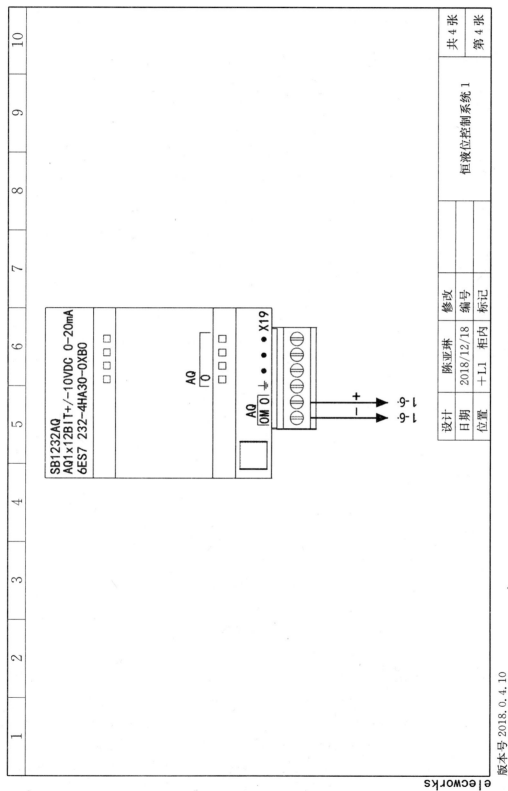

图 15-5　PLC 模拟量输出 (信号板) 电路图

五、变频器参数设置

变频器需要设定参数,见表 15 - 2。

表 15 - 2　参数设定

变频器参数	设定值	功能说明	备注
P10	30	组合参数用于恢复出厂设置	参数复位需等待片刻
P970	1		
P10	1	进入调试模式	
P0100	0	选择工作地	0 欧洲 50 Hz
P0304	根据电机铭牌配置	电机额定电压	
P0305	根据电机铭牌配置	电机额定电流	
P307	根据电机铭牌配置	电机额定功率	
P310	根据电机铭牌配置	电机额定频率	
P0311	根据电机铭牌配置	电机额定转速	
P1900	0	选择电机数据识别	禁止识别电机数据
P10	0	退出调试模式	
P700	2	选择命令源	有端子排输入
P701	1	ON/OFF	接通正转/停车命令 1
P756	0	模拟量输入类型	电压类型
P757	0	标定 X1 值	0 V
P758	0.0	标定 Y1 值	0%
P759	10	标定 X2 值	10 V
P760	100.0	标定 Y2 值	100%
P761	0	模拟量输入死区	
P1000	2	模拟量输入	
P1120	1 s	斜坡上升时间	
P1121	1 s	斜坡下降时间	

六、PLC 参数配置及程序

在组态 PID 参数时"过程值限值"上限需要修改为 150%,如图 15 - 6 所示。

程序段 3,变量 MD116 是设定液位高度,变量 MD104 是经过比例缩放后实时液位高度,用设定液位高度减去实时液位高度存放在变量 MD220 中。系统启动后,当变量 MD220 里面值大于等于 30 时,往变量 MD108 里面写入 100(MD108 里面 0~100 值对应变频器运行 0~50 Hz),当变量 MD220 里面值小于时,变量 M10.3 得电、对应循环中断块中的 M10.3 常开触点闭合,执行 PID 调节如图 15-7 所示。

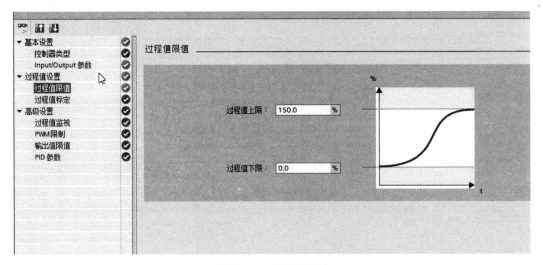

图 15-6 过程值限值

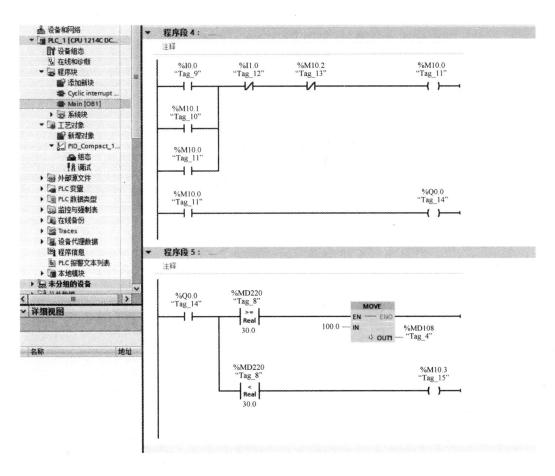

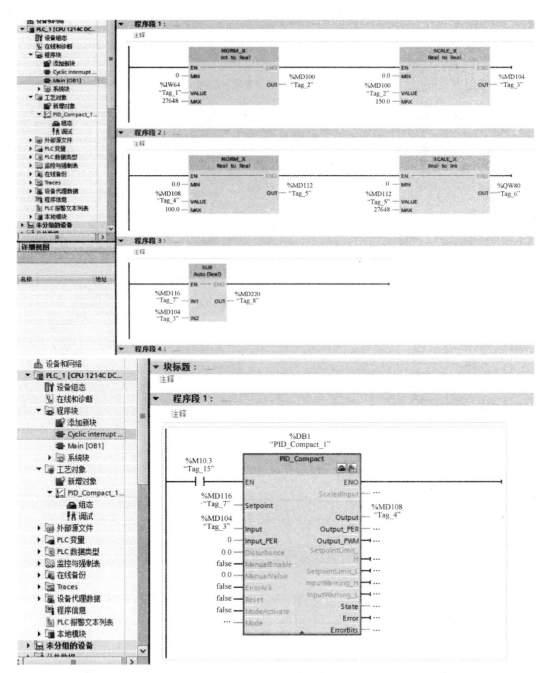

图 15-7　PLC 程序

七、触摸屏界面配置

如图 15-8 所示,右边是触摸屏和 PLC 连接通信时所需要的变量,左下角是 PLC 和触摸屏通信连接的 IP 地址。

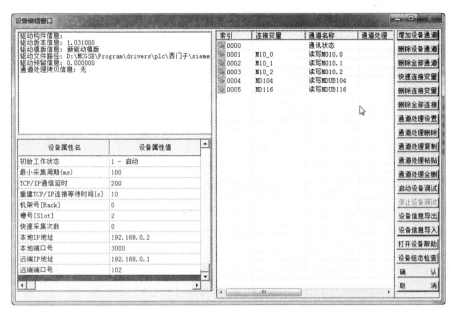

图 15-8　连接变量

如图 15-9 所示,在系统启动之前,需要先将触摸屏界面上的液位设定值设好,启停系统可以外部按钮 SB1 和 SB2 来控制,也可以通过触摸屏界面来实现。

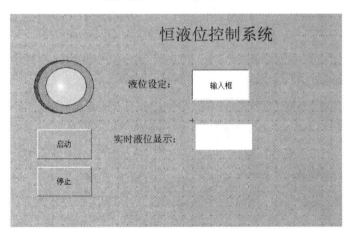

图 15-9　触摸屏界面

八、项目录入视频

扫一扫见"恒液位控制系统1"视频

项目十六　恒液位控制系统 2

一、项目描述

本项目可根据水池的压力变化，通过控制器 PLC 中的 PID 算法控制通过以太网控制变频器调节水泵的转速，使水池的水位保持在工艺规定的液位。

二、准备单

见表 16 - 1。

表 16 - 1　准备单

序号	设备	参数	数量	备注
1	计算机	安装有西门子 TIA Portal V14	1	
2	PLC	S7 - 1214C DC/DC/DC	1	配网线
3	信号模块	SM 1223/DI8×24 V DC, DQ8×RLY	1	
4	信号板	AQ/2324/12 位	1	
4	直流电源	AC220 V/DC24 V/5 A	1	
5	按钮	1 开 1 闭	2	
6	交流变频器	G120C/0.55 kW	1	
7	水泵		1	
8	液位传感器	变送器 0～150 cm/DC 0～10 V	1	
9	三相异步电动机	90 W	1	
10	导轨	35 mm	1	
11	导线	0.75 mm²	20	

三、控制要求

如图 16-1 所示,某水箱的液位高度系统采用 PLC 控制,变频器驱动的水泵电动机为水箱供水,水箱下有一个手动控制水阀。水箱高度为 120 cm,液位高度使用投入式液位传感器,传感器量程为 0~150 cm,液位变送器输出为 DC 0~10 V,变频器采用通信报文方式控制。

触摸屏作为操作和监控界面,可以设定液位高度,显示实时液位。

初始状态,水箱空,电动机停止。

按下起动按钮 SB1,变频器全速运行,当接近设定液位高度时,变频器进行 PID 调节,水箱下的放液阀可手动调节开度大小,变频器实时调节水泵电动机的运行频率,使液位恒定在设定值。

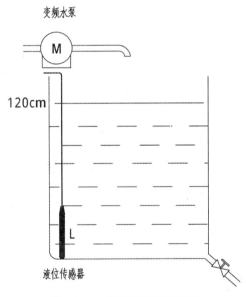

图 16-1　恒液位控制示意图

四、电气线路图

图 16-2 为主电路电气原理图,主电路是变频器以太网控制电路;图 16-3 为输入端子图,输入信号有按钮 SB1~SB2 以及液位变送器 0~10 V。

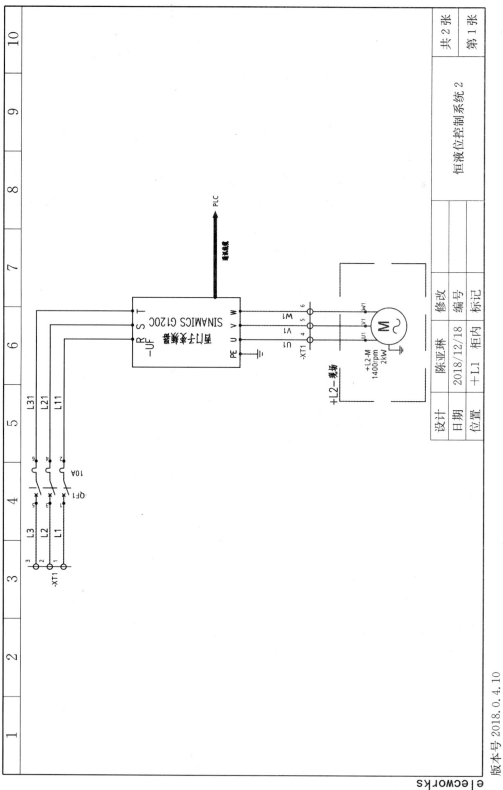

图16-2 电气主电路图

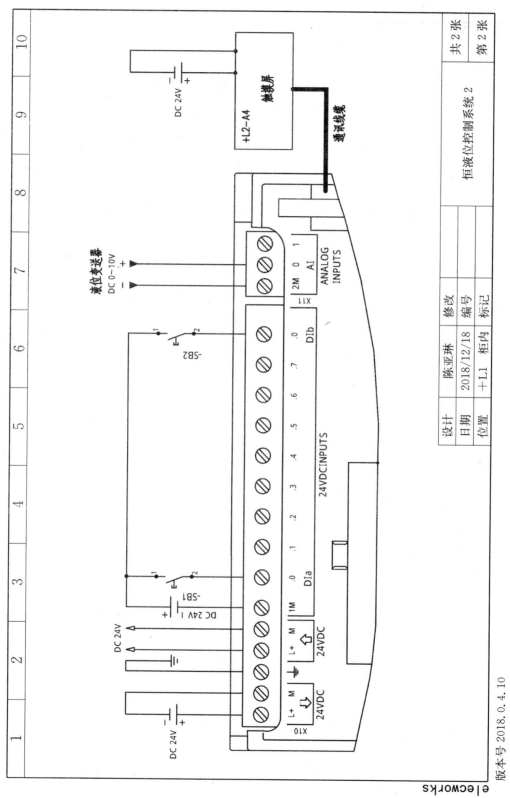

图 16 – 3 PLC 输入电路图

五、变频器参数设置

根据表 16-2 参数依次进行设定。

表 16-2　参数设定

变频器参数	设定值	功能说明	备注
P10	30	组合参数用于恢复出厂设置	参数复位需等待片刻
P970	1		
P10	1	进入调试模式	
P0100	0	选择工作地	0 欧洲 50 Hz
P0304	根据电机铭牌配置	电机额定电压	
P0305	根据电机铭牌配置	电机额定电流	
P307	根据电机铭牌配置	电机额定功率	
P310	根据电机铭牌配置	电机额定频率	
P0311	根据电机铭牌配置	电机额定转速	4 级电机＝1 480,6 级电＝980 2 级电机＝1 980
P1120	1 s	斜坡上升时间	
P1121	1 s	斜坡下降时间	
P1900	0	禁用电机检测	
P2000	根据电机铭牌配置	参考转速/频率	4 级电机最大频率 50 Hz＝1 500 4 级电机最大频率 60 Hz＝1 800 4 级电机最大频率 100 Hz＝3 000
P2030	7	现场总线协议	PN 协议
P0922	1	PZD 报文选择	标准报文 1,PZD-2/2
P0010	0	退出调试模式	
主菜单→EXTRAS→RAM TO ROM→OK:保存参数			

S7-1200 通信方式是通过 PROFINET PZD 将控制字 1（STW1）和主设定值（NSOLL_A）周期性地发送至变频器,变频器将状态字 1（ZSW1）和实际转速（NIST_A）发送到 S7-1500。

（1）控制字:常用控制字如下:

047E（16 进制）——OFF1 停车;

047F（16 进制）——正转启动。

（2）主设定值:速度设定值要经过标准化,变频器接收十进制有符号整数 16 384（4000H 十六进制）对应于 100% 的速度,接收的最大速度为 32 767（200%）。参数 P2000 中设置 100% 对应的参考转速。

（3）反馈状态字详细定义相关手册。

（4）反馈实际转速同样需要经过标准化，方法同主设定值。

表 16-3　报文 1 地址

数据方向	PLCIO 地址	变频器过程数据	数据类型
PLC→变频器	IW68	PZD1——控制字 1(STW1)	16 进制(16 bit)
	IW70	PZD2——主设定值(NSOLL_A)	有符号整数(16 bit)
变频器→PLC	QW64	PZD1——状态字 1(ZSW1)	16 进制(16 bit)
	QW66	PZD2——实际转速(NIST_A)	有符号整数(16 bit)

六、知识链接——G120C 变频器的使用

1. 常用的电动机控制类型

（1）VF LIN(V/F 控制)：不需要电动机静态识别，适用于配料搅拌等，一拖多的场合。

（2）SPD N EN(矢量控制)：需静态识别，适用于一台变频器控制一台电动机的场合。

2. BOP-2 面板显示

如图 16-4 所示。

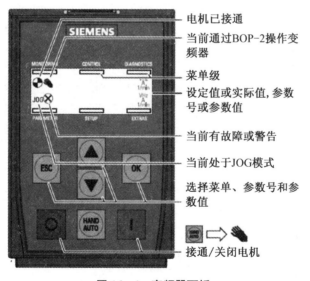

图 16-4　变频器面板

3. BOP－2 面板按键功能

见表 16－4。

表 16－4　面板按键功能

按键	功能描述
ESC	• 若按该按钮 2 s 以下,表示返回上一级菜单,或表示不保存所修改的参数值; • 若按该按钮 3 s 以上,将返回到监控画面。 注意:在参数修改模式下,此按钮表示不保存所修改的参数值,除非之前已经按 OK。
■	• 在"AUTO"模式下,该按钮不起作用; • 在"HAND"模式下,表示起动命令。
○	• 在"AUTO"模式下,该按钮不起作用; • 在"HAND"模式下,若连续按两次,将"OFF2"自由停车; • 在"HAND"模式下若按一次,将"OFF1",即按 P1121 的下降时间停车。
HAND AUTO	BOP(HAND)与总线或端子(AUTO)的切换按钮; • 在"HAND"模式下,按下该键,切换到"AUTO"模式。■ 和 ○ 按键不起作用。若自动模式的启动命令在,变频器自动切换到"AUTO"模式下的速度给定值; • 在"AUTO"模式下,按下该键,切换到"HAND"模式。■ 和 ○ 按键将起作用。切换到"HAND"模式时,速度设定值保持不变; 在电机运行期间可以实现"HAND"和"AUTO"模式的切换。

4. BOP－2 面板状态显示

见表 16－5。

表 16－5　面板显示

图标	功能	状态	描述
🖐	控制源	手动模式	"HAND"模式下会显示,"AUTO"模式下没有。
◑	变频器状态	运行状态	表示变频器处于运行状态,该图标是静止的。
JOG	"JOG"功能	点动功能激活	
✖	故障和报警	静止表示报警 闪烁表示故障	故障状态下,会闪烁,变频器会自动停止。静止图标表示处于报警状态。

5. BOP－2 面板菜单功能描述

见表 16－6 所示。

图 16－6　菜单功能

菜单	功能描述
MONITOR	监视菜单:运行速度、电压和电流值显示。
CONTROL	控制菜单:使用 BOP－2 面板控制变频器。
DIAGNOS	诊断菜单:故障报警和控制字、状态字的显示。
PARAMS	参数菜单:查看或修改参数。
SETUP	调试向导:快速调试。
EXTRAS	附加菜单:设备的工厂复位和数据备份。

6. BOP‑2面板各参数设置步骤

如图16‑5所示。

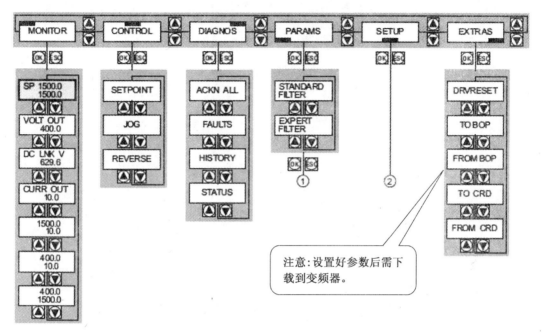

图 16‑5　参数设置

七、PLC参数配置及程序

1. 添加G120C站

（1）点击"设备和网络"，进入网络视图页面；

（2）将硬件目录中"其他现场设备→PROFINET IO→Drives→Siemens AG→SINAMICS→SINAMICS G120C PN V4.7"模块拖拽到网络视图空白处；

（3）点击蓝色提示"未分配"以插入站点，选择主站"PLC_1. PROFINET接口_1"，完成与IO控制器的网络连接，如图16‑6所示。

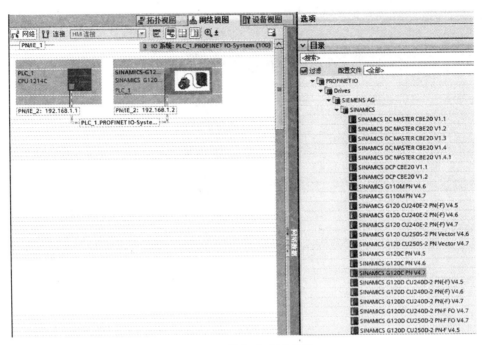

图 16 - 6　添加 G120C 从站

2. 组态 G120C 报文

将硬件目录中"标准报文 1,PZD - 2/2"模块拖拽到"设备概览"视图的插槽中,系统自动分配了输入输出地址,本示例中分配的输入地址 IW68、IW70,输出地址 QW64、QW66,如图 16 - 7 所示。

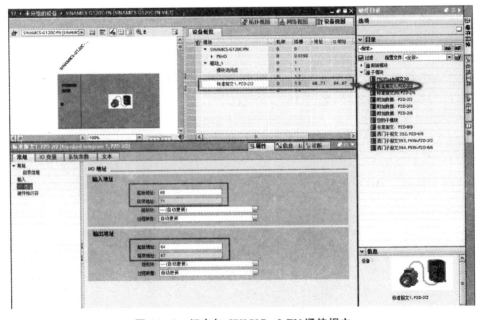

图 16 - 7　组态与 CU250S - 2 PN 通信报文

3. 组态 G120C 的 Device Name

选择 G120C,点击"以太网地址",设置其 Device Name 为"G120C"。

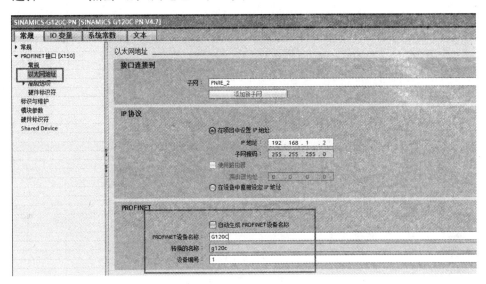

图 16-8　设置 G120C 的 Device Name

4. 下载 CPU

(1) 鼠标单击"PLC_1"选项;

(2) 点击"下载到设备"按钮;

(3) 点击"装载"按钮,完成下载操作。

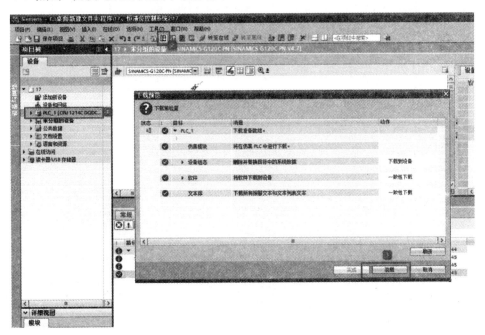

图 16-9　CPU 下载

5. SINAMICS G120C 的配置

在完成 S7－1200 的硬件配置下载后,S7－1200 与 G120C 还无法进行通信,必须为 G120C 分配 Device Name 和 IP 地址,保证为 G120C 实际分配的 Device Name 与硬件组态中为 G120C 分配的 Device Name 一致。

（1）如图 16－13 所示,选择"更新可访问的设备",并点击"在线并诊断";

（2）点击"命名";

（3）设置 G120C PROFINET 设备名称 G120C,并点击"分配名称"按钮;

（4）从消息栏中可以看到提示。

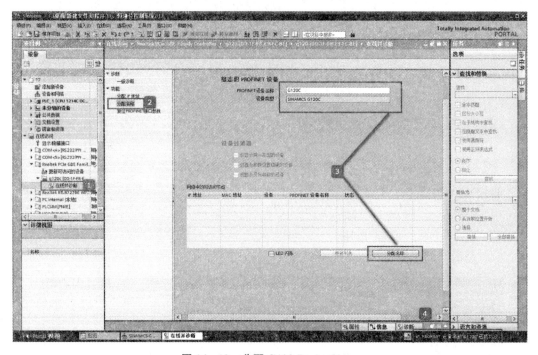

图 16－10　分配 G120 Device Name

6. 分配 G120C 的 IP 地址

（1）如图 16－14 所示,选择"更新可访问的设备",并点击"在线并诊断";

（2）点击"分配 IP 地址";

（3）设置 G120C IP 地址和子网掩码;

（4）点击"分配 IP 地址"按钮,分配完成后,需重新启动驱动,新配置才生效。

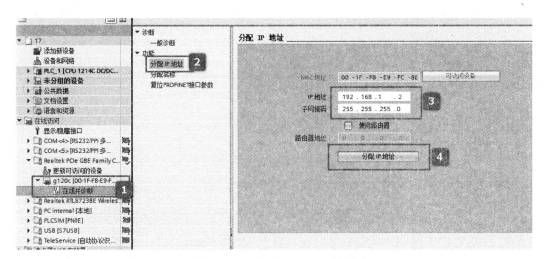

图 16-11　分配 G120C IP 地址

八、PLC 程序

（1）启动变频器。

首次启动变频器需将控制字 1(STW1)16♯047E 写入 QW64 使变频器运行准备就绪，然后将 16♯047F 写入 QW64 启动变频器，如图 16-12 程序段 6 所示。

（2）停止变频器。

将 16♯047E 写入 QW64 停止变频器。

（3）调整电机转速。

将主设定值(NSOLL_A)十六进制 2000 写入 QW66，设定电机转速为 750 rpm。

（4）读取 IW68 和 IW70 分别可以监视变频器状态字和电机实际转速。

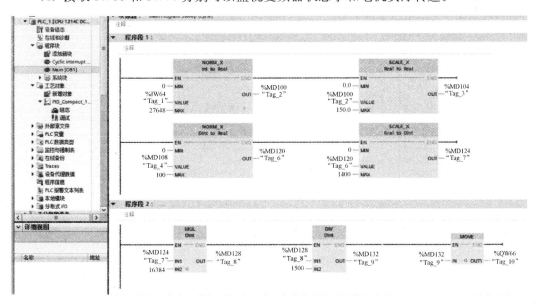

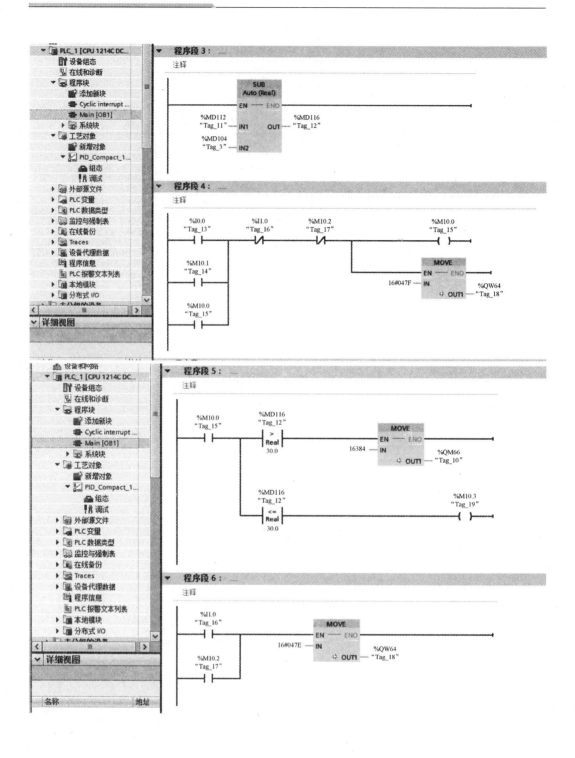

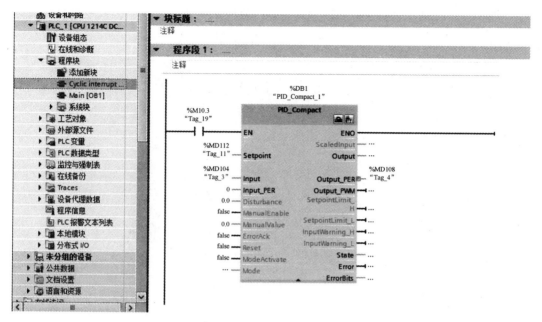

图 16－12　PLC 程序

九、触摸屏组态

如图 16－13 所示是本系统所用到的变量，左下角是 PLC 和触摸屏通讯连接的 IP 地址。

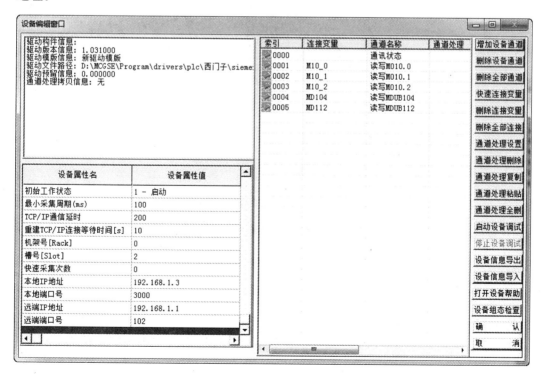

图 16－13　连接变量

如图 16 - 14 所示,在系统启动之前,需要先将触摸屏界面上的液位设定值设好,启停系统可以外部按钮 SB1 和 SB2 控制,也可以通过触摸屏界面来实现。

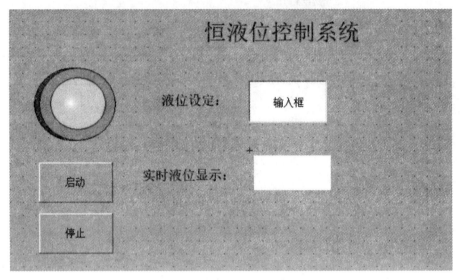

图 16 - 14　触摸屏界面

十、项目录入视频

扫一扫见"恒液位控制系统2"视频

项目十七 液体加热恒温控制系统

一、项目描述

在工场中由于控制现场与控制器距离较远时,若采用 IO 设备与控制器直连的方式会导致安装与维护成本过高,所以可在现场放置一个远程站,用来采集汇总传感器的信号再通过以太网的方式传送给控制器,这样能减少安装接线量和维护工作量。

二、准备单

见表 17 - 1。

表 17 - 1 准备单

序号	设备	参数	数量	备注
1	计算机	安装有西门子 TIA Portal V14	1	
2	PLC	S7 - 1214C DC/DC/DC	1	配网线
3	信号模块	SM 1223/DI8×24 V DC, DQ8×RLY	1	
4	分布式 IO	ET200S	1	
5	直流电源	AC220 V/DC24 V/5 A	1	
6	按钮	1 开 1 闭	2	
7	交流调压器	AC380/DC24 V	1	
8	加热器		1	
9	温度传感器	变送器 0～120 ℃/DC 0～10 V	1	
10	导轨	35 mm	1	
11	导线	0.75 mm²	20	

三、控制要求

如图 17 - 1 所示,某加热容器温度系统采用 S7 - 1200PLC＋ET200S 控制,由调压器调节电加热器电压,调压器的输入电压为 AC 380 V,控制信号为 PLC 的 D/A 输出的 AO DC 0～10 V,调压器输出电压为 AC 0～380 V,温度传感器的量程为 0～120 ℃,变送器输出 DC 0～10 V。

触摸屏作为操作和监控界面,可以设定加热温度,显示实时温度。

按下起动按钮 SB1,加热器启动加热,当温度到达设定温度时,由于外界条件的扰动,调压器实时调节加热电压,使温度恒定在设定值。

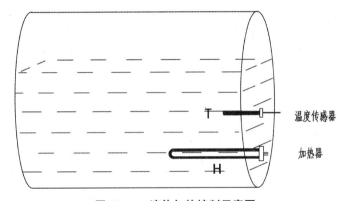

图 17 - 1 液体加热控制示意图

四、电气线路图

图 17 - 2 为主电路电气原理图,主电路是调压模块控制加热棒的电路;图 17 - 3 为输入端子图,输入信号有 SB1～SB2 以及触摸屏电源;图 17 - 4 为远程站输入端子图,输入信号为温度变送器 0～10 V;图 17 - 5 为远程站输出端子图,输出信号为温度变送器 0～10 V。

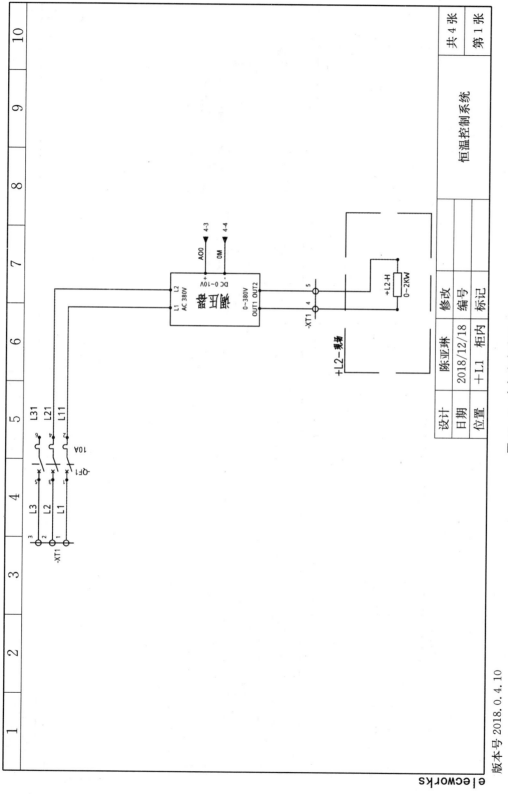

图 17-2　电气主电路图

设计	陈亚琳	修改		恒温控制系统	共 4 张
日期	2018/12/18	编号			第 1 张
位置	+L1　柜内	标记			

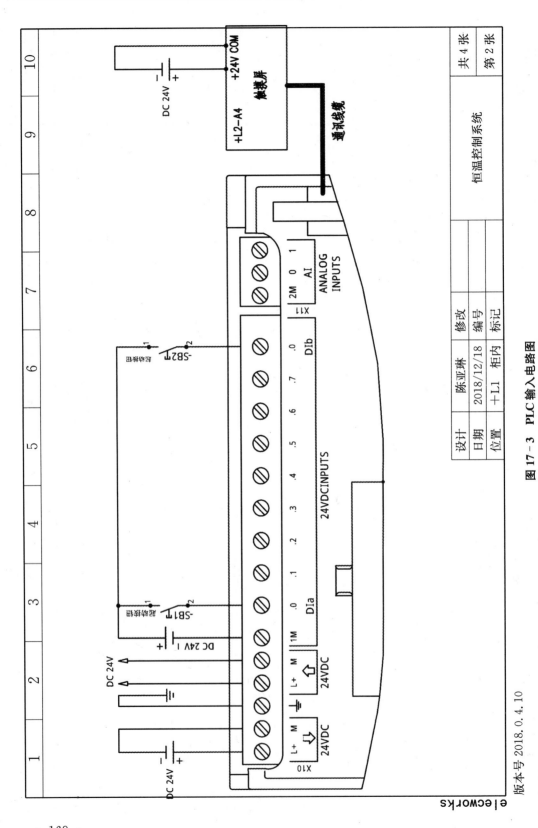

图 17-3　PLC 输入电路图

设计	陈亚琳	修改	编号	共 4 张
日期	2018/12/18			第 2 张
位置	+L1	柜内	标记	恒温控制系统

elecworks

版本号 2018.0.4.10

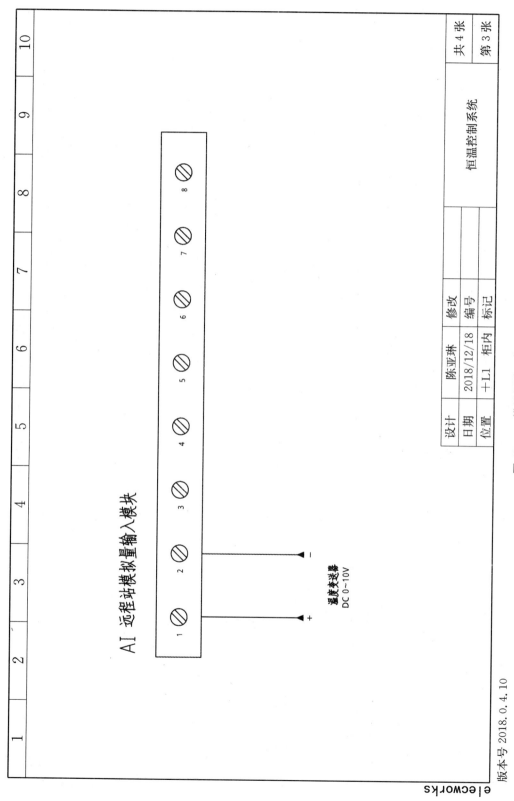

图 17－4　模拟量输入电路图

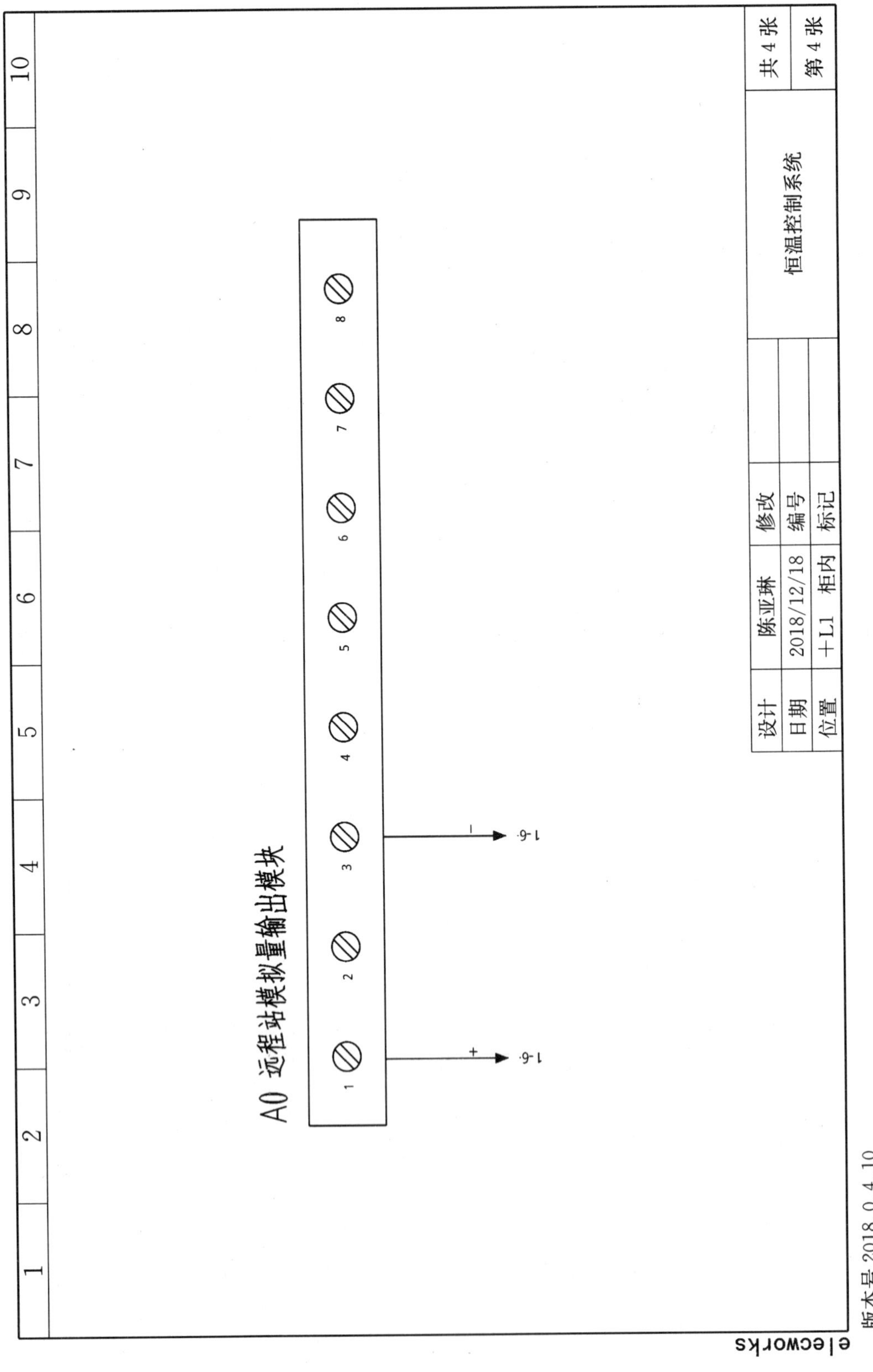

A0 远程站模拟量输出模块

设计	陈亚琳	修改	共 4 张
日期	2018/12/18	编号	第 4 张
位置	+L1 柜内	标记	恒温控制系统

图 17-5 模拟量输出电路图

版本号 2018.0.4.10

elecworks

五、PLC 参数配置及程序

先将 PLC 配置添加好,进入工作区的网络视图,在右侧硬件目录下根据产品订货号和版本号选择需要添加进项目的 ET200S 接口模块,并将其拖拽到网络视图中,如图 17 - 6 所示。

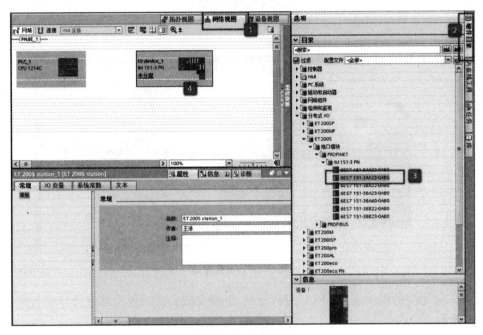

图 17 - 6　添加设备

在网络视图下,点击 ET200S 站的"未分配"按钮,为 ET200SP 站点分配 IO 控制器"PLC_1. PROFINET 接口_1",如图 17 - 7 所示。

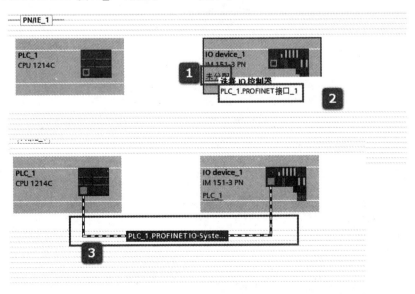

图 17 - 7　网络分配

双击 ET200S 站点，进入 ET200S 设备组态状态，如图 17-8 所示，在设备视图下，组态 ET200SP 站点，选择所需要的模块和其相应版本并将其拖拽到机架上。

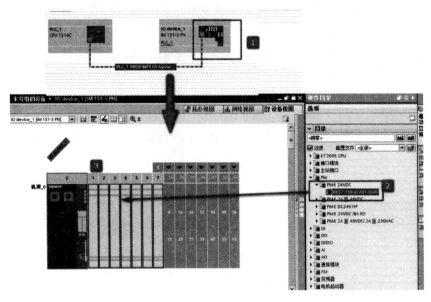

图 17-8　设备组态

添加完相应的模块后，对 PLC 进行下载，下载完成后要对远程站进行分配名称，如图 17-9 所示。

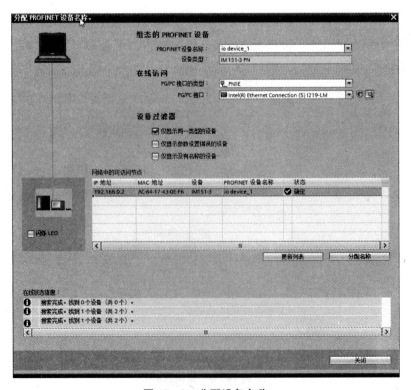

图 17-9　分配设备名称

　　在运行系统前,在触摸屏上设好设定温度(MD116),如图 17 - 14,按下起动按钮 SB1 (I0.0)或按下触摸屏起动按钮(M10.0),中间变量 M10.0 得电自锁系统开始运行,触摸屏上运行指示灯亮,循环中断块中的 M10.0 常开触点闭合,执行 PID 指令进行调节,初次调节 PID 时需要对 PID 参数进行自整定调节或者手动输入 PID 参数,参数调节到最佳状态后,上传参数到指令中。当前温度(MD104)和设定温度值(MD116)比较进行 PID 调节,使当前温度到达设定温度值。

　　当按下停止按钮 SB2(I1.0)或按下触摸屏停止按钮(M10.2)时,中间变量 M10.0 失电,系统停止运行,触摸屏运行指示灯熄灭,如图 17 - 10 所示。

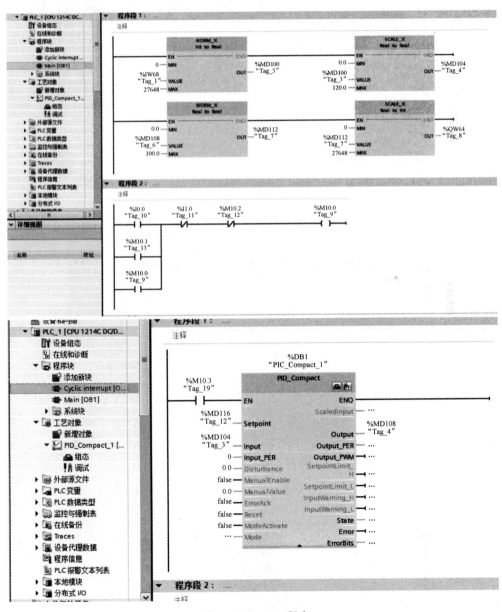

图 17 - 10　PLC 程序

六、触摸屏组态

对应的变量如下：温度设定：MD116；实时温度显示：MD104；运行指示灯：M10.0；起动按钮：M10.1；停止按钮：M10.2。

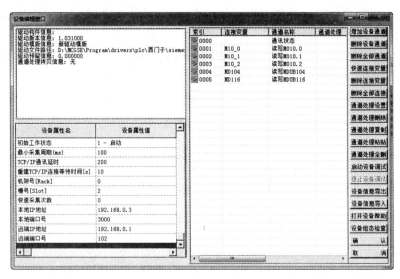

图 17 - 11　连接变量

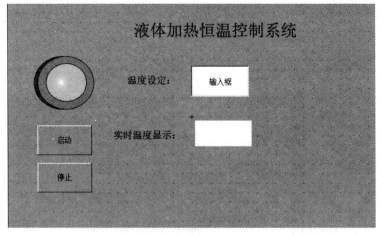

图 17 - 12　触摸屏界面

七、项目录入视频

扫一扫见"恒温控制系统"视频

项目十八　伺服灌装控制系统

一、项目描述

　　在现代社会中,灌装机广泛应用于食品、医药、日化等行业,灌装机产能水平的高低直接关系着产品的质量和生产的效率,要求伺服灌装系统提供更高精度的、更高自动化程度的控制工艺,来不断迎接市场的挑战。该系统由 X 轴跟随伺服、Y 轴灌装步进、主轴传送带、正品检测装置、正品传送带和次品传送带等部分组成。伺服灌装控制系统图如图18-1所示。

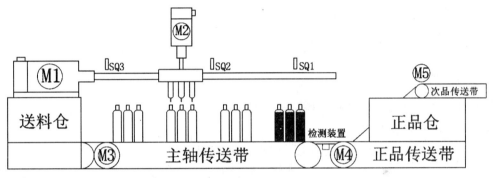

图 18-1　伺服灌装控制系统示意图

二、准备单

　　见表18-1。

表 18-1　准备单

序号	设备	参数	数量	备注
1	计算机	安装有西门子 TIA Portal V14	1	
2	PLC	CPU1511	1	配网线
3	PLC	CPU 1212C 6ES7212-1BE40-0XB0	1	
4	PLC	CPU 1212C 6ES7212-1AE40-0XB0	1	
5	存储卡	6ES7953-8LG18-OAAO	1	MMC128K
6	触摸屏	MCGS TPC7062Ti	1	

（续表）

序号	设备	参数	数量	备注
7	西门子电源	PS307	1	
8	伺服系统		1	
9	行程开关	直动式	6	
10	指示灯	AC220 V	6	
11	按钮	一开一闭	5	
12	转换开关	2 档	3	
13	变频器	MM420	1	带 BOP 操作面板
14	导轨	35 mm	1	
15	导线	0～75 mm²	20	
16	温控器	欧姆龙	若干	

三、控制要求

伺服灌装机系统工艺流程与控制要求如下。

（1）系统初始化状态

自动模式时初始状态：开关 SQ1～SQ3、SQ6 常开，SQ4、SQ5 为极限限位开关。所有电动机（M1～M5）停止，SA2 检测有液体。触摸屏上主轴传送带速度设定范围 2.0～5.0 mm/s（设定比例 $V=0～5\times f$）。自动运行前手动将丝杠滑块移动到 SQ3 位置。

（2）自动运行过程

① 设定灌装物料瓶个数和主轴传送带速度后，按下自动模式起动按钮 SB3，设备运行指示灯 HL3 闪烁（0～5 Hz），当进料传感器 SQ6 初始检测到有空物料瓶进入主轴传送带，则 HL3 常亮。主轴传送带电动机 M3 正转，同时 X 轴跟随伺服 M1 以 2.5 r/s 的速度运行至 SQ2 处（SQ2－SQ1 区间为同步区间），此时灌装喷嘴追上空物料瓶，然后灌装喷嘴向下移动，即步进电动机 M2 以 3 r/s 的速度正转 3r 停止，停止期间开始向物料瓶灌装液体，HL4 以 2 Hz 频率闪烁，代表液体正在灌装；当 M1 电动机运行到 SQ1 位置时，灌装液体结束，HL4 指示灯灭，主轴传送带电动机 M3 停止，反转 3 r 后停止，然后 M1 电动机以 3 r/s 的速度高速运行至 SQ2 处，然后为下一个空物料瓶灌装液体，依上述流程循环运行，直到需灌装物料瓶数量为 0，M1 电动机回到 SQ3 位置，系统停止（运行期间可增加需灌装瓶数量），HL5 常亮。

② M1 电动机在运行至 SQ2 期间，正品检测装置开始检测合格瓶装液体，并在触摸屏上显示合格和不合格数量。若瓶装液体合格就起动正品传送带电动机 M4，M4 运行 5 s 后停止；否则机械手将产品抓到次品传送带，次品传送带电动机 M5 启动运行 5 s 后停止。

（3）停止操作

① 系统自动运行过程中，按下自动模式停止按钮 SB4，系统完成当前这一个物料瓶灌装后，若有剩余需要灌装的空物料瓶，M1 电动机在 SQ1 位置停止；否则，M1 电动机回到 SQ3 位置停止，当停止后再次启动运行，系统保持上次运行的记录。

② 系统发生急停事件按下急停按钮时（SA3 被切断），系统立即停止。急停恢复后（SA3 被接通），再次按下 SB1，系统自动从之前状态启动运行。

（4）非正常情况处理

当 SA2 检测不到液体，系统停止，触摸屏中自动弹出报警画面"储液罐无液体，请加入液体"；当 SA2 检测有信号时，报警画面自动解除。

系统主要控制对象组成如下。

伺服灌装机系统由以下电气控制回路组成：X 轴跟随由伺服电动机 M1 驱动，通过丝杠带动滑块来模拟灌装平台的左右移动（伺服电动机 M1 参数设置如下：伺服电动机 M1 旋转一周需要 4 000 个脉冲）。Y 轴灌装喷嘴上下移动由步进电动机 M2 驱动（步进电动机 M2 参数设置如下：步进电动机 M2 旋转一周需要 2 000 个脉冲）。主轴传送带由三相异步电动机 M3 驱动（M3 由变频器驱动，速度主要由模拟量 4～20 mA 给定，可进行正反转运行，加速时间 0～5 s，减速时间 0～5 s），正品传送带由三相异步电动机 M4 驱动（需要考虑过载），次品传送带由三相异步电动机 M5 驱动（需要考虑过载）。

四、电气线路图

如图 18-2 所示，为正品传送带电机、次品传送带电机和主轴传送带（变频器）主电路部分。

如图 18-3 所示，从站 2：S7-1200DC/DC/DC 输入接线图。

如图 18-4 所示，从站 1：S7-1200AC/DC/RLY 输入接线图。

如图 18-5 所示，主站：S7-1500 输入接线图。

如图 18-6 所示，从站 2：S7-1200DC/DC/DC CPU 输出接线图。

如图 18-7 所示，从站 2：S7-1200DC/DC/DC 扩展模块输出接线图。

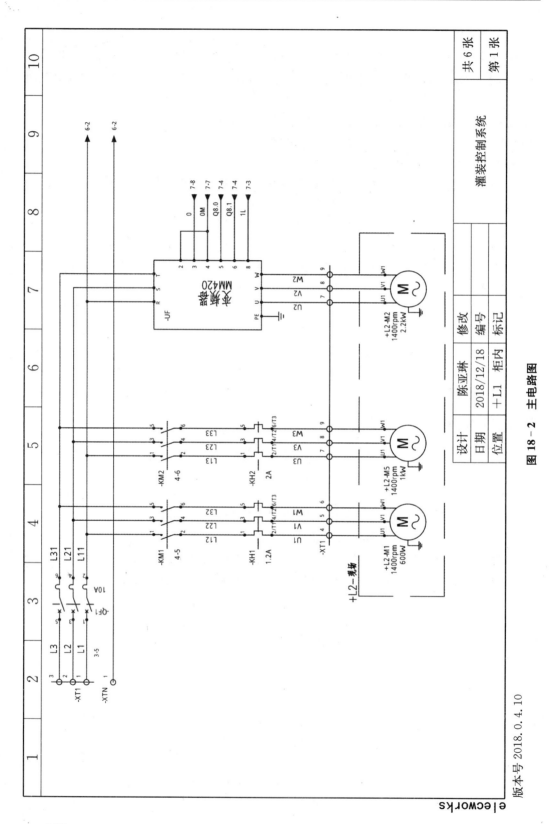

图 18－2　主电路图

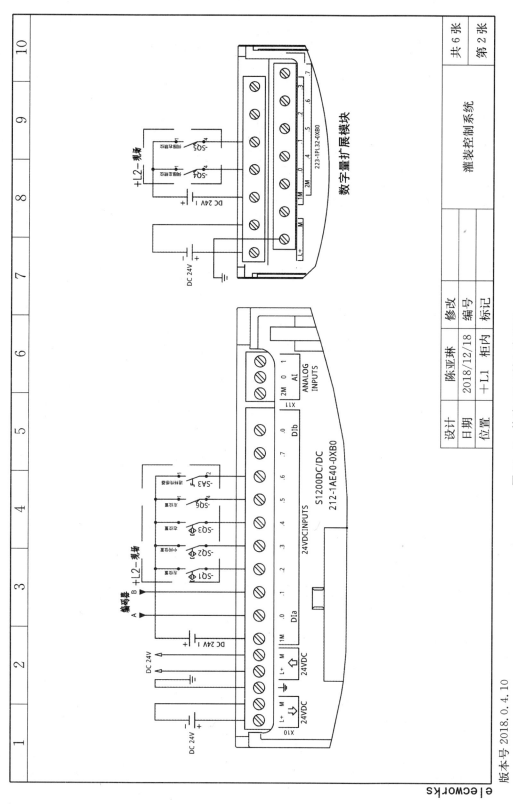

图 18-3 从站 2PLC 输入电路图

设计	陈亚琳	修改		共 6 张
日期	2018/12/18	编号	灌装控制系统	第 2 张
位置	+L1 柜内	标记		

版本号 2018.0.4.10

elecworks

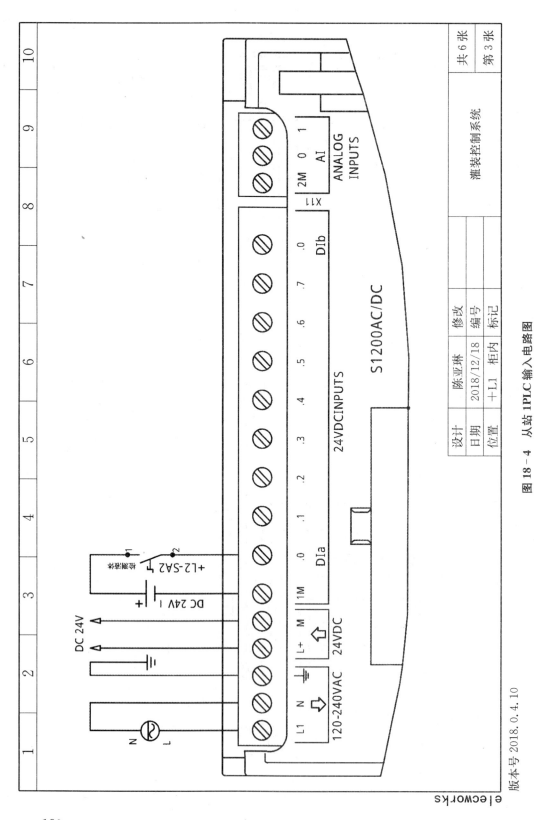

图 18-4 从站 1PLC 输入电路图

版本号 2018.0.4.10

elecworks

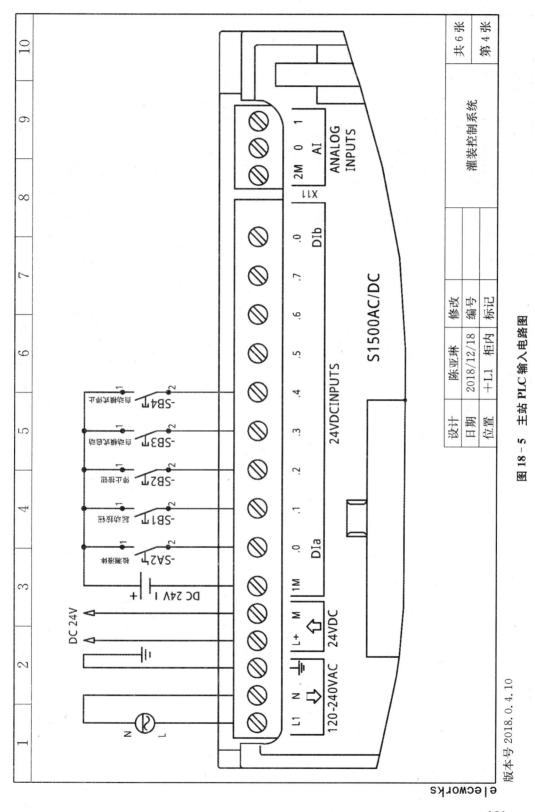

图 18－5 主站 PLC 输入电路图

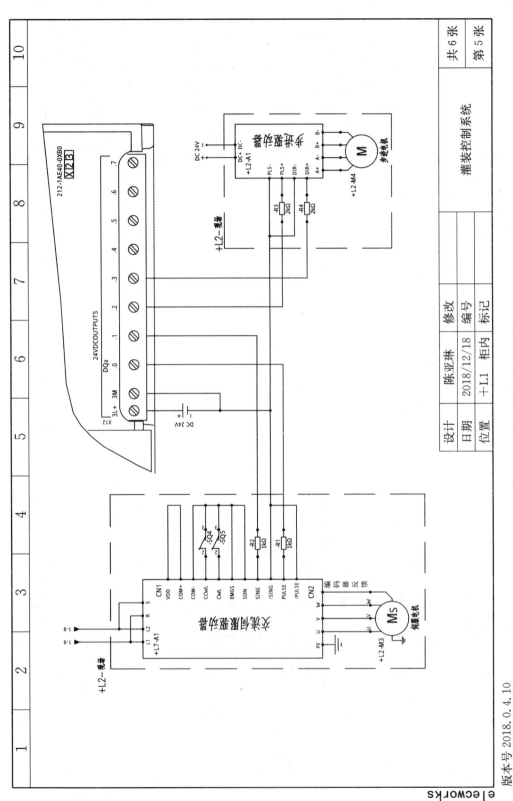

图 18 - 6　从站 2PLC 输出电路图

版本号 2018.0.4.10

elecworks

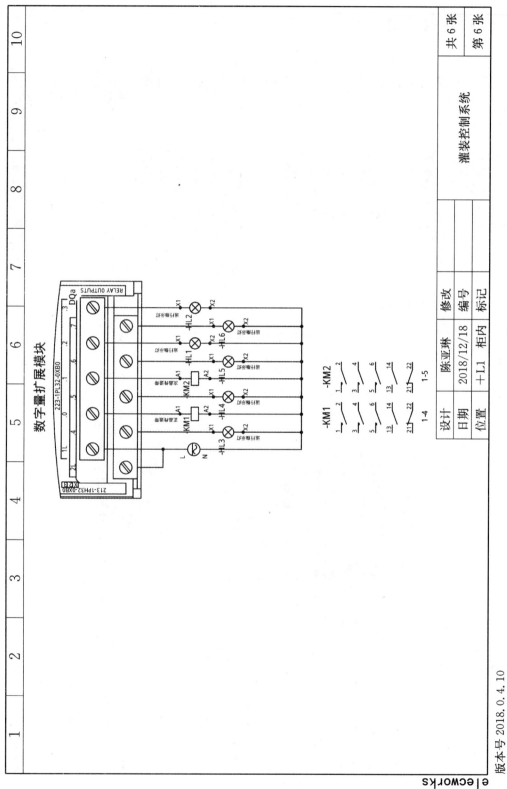

图 18-7 从站 2PLC 扩展模块输出电路图

五、PLC 参数配置

添加三台 PLC 配置和建立连接,如图 18 - 8 所示。

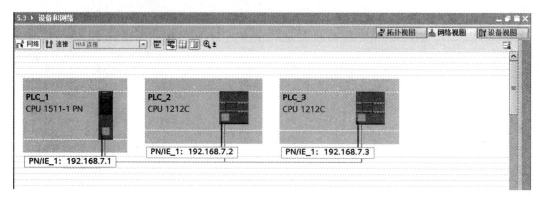

图 18 - 8 网络组态图

添加 S7 - 1500PLC 配置,如图 18 - 9 所示。

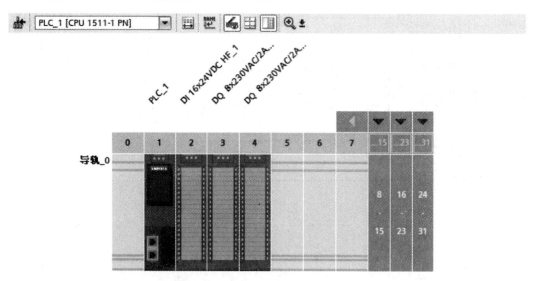

图 18 - 9 S7 - 1500 组态图

勾选 S7-1500 连接机制，如图 18-10 所示。

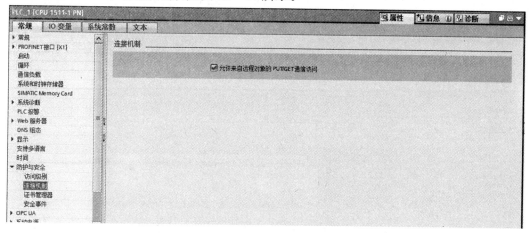

图 18-10　S7-1500 配置图

从站 1:S7-1200AC/DC/RLY 勾选连接机制，如图 18-11 所示。

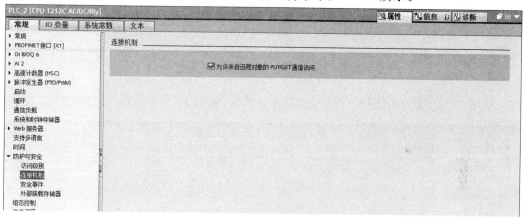

图 18-11　从站 1 配置图

从站 2:S7-1200DC/DC/DC 勾选连接机制，如图 18-12 所示。

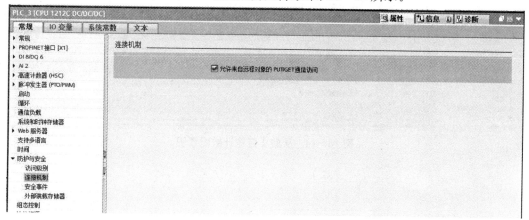

图 18-12　从站 2 配置图

从站 2：S7－1200DC/DC/DC 勾选脉冲发生器"PTO1/PWM2"和"PTO2/PWM2"，如图 18－13 所示。

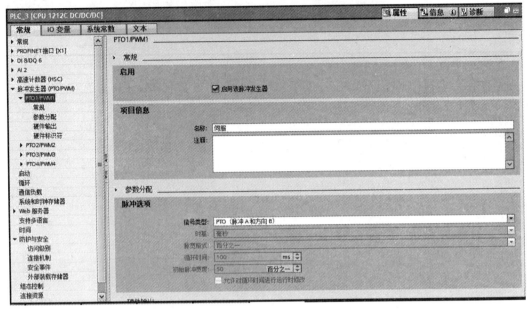

图 18－13　从站 2 高速脉冲输出配置图

从站 2：S7－1200DC/DC/DC 勾选高速计数器，如图 18－14 所示。

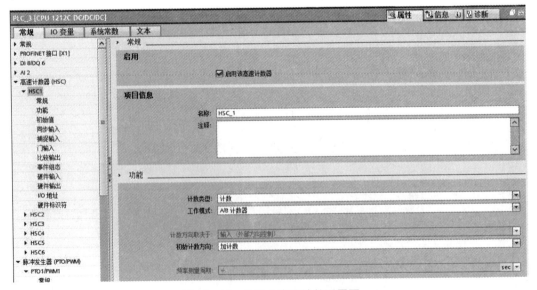

图 18－14　从站 2 高速计数配置图

从站 2：S7 - 1200DC/DC/DC 配置"通道 0"和"通道 1"输入滤波器，如图 18 - 15 所示。

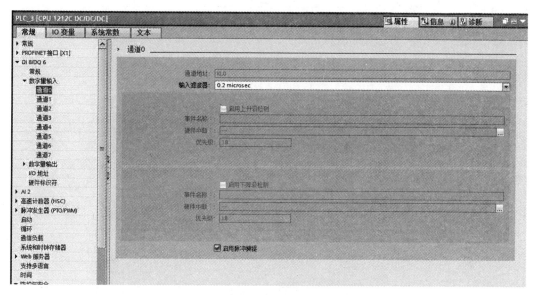

图 18 - 15　从站 2 高速脉冲输出配置图

从站 2：S7 - 1200DC/DC/DC 对伺服电机进行相关配置，如图 18 - 16 所示。

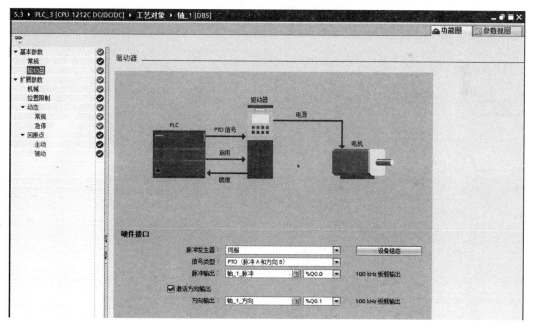

图 18 - 16　伺服配置图

从站 2:S7-1200DC/DC/DC 对步进电机进行相关配置,如图 18-17 所示。

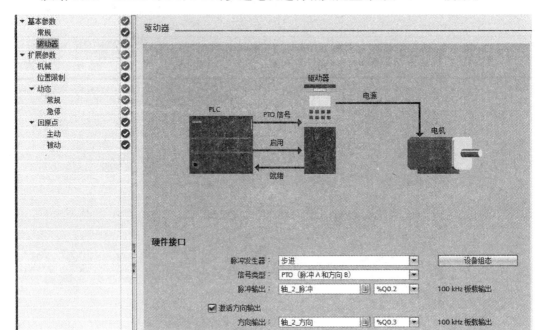

图 18-17　步进配置图

从站 2:S7-1200DC/DC/DC 将步进电机脉冲数和负载移位分别修改为"2000"和"4.0",如图 18-18 所示。

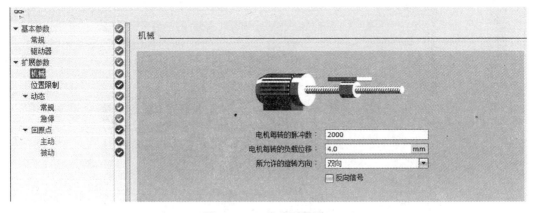

图 18-18　位移配置图 1

从站2：S7－1200DC/DC/DC 将伺服电机脉冲数和负载移位分别修改为"1000"和"4.0"，如图18－19所示。

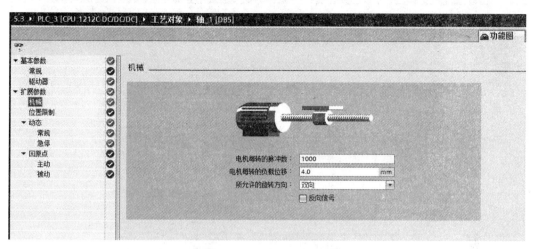

图 18－19　位移配置图 2

从站 2：S7－1200DC/DC/DC 将两个轴速度单位修改为"mm/s"，最大转速设为"100.0mm/s"，启动/停止速度设为"4.0mm/s"，如图 18－20 所示。

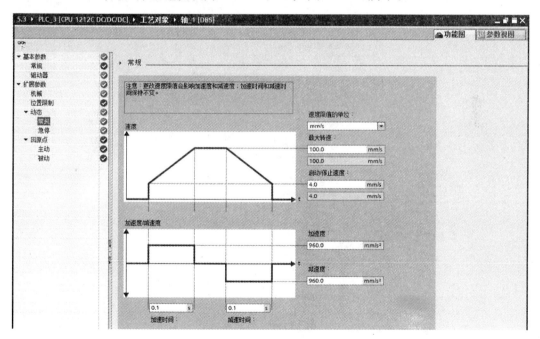

图 18－20　位移配置图 3

从站 2:S7 - 1200DC/DC/DC 修改两个轴的紧急减速时间,如图 18 - 21 所示。

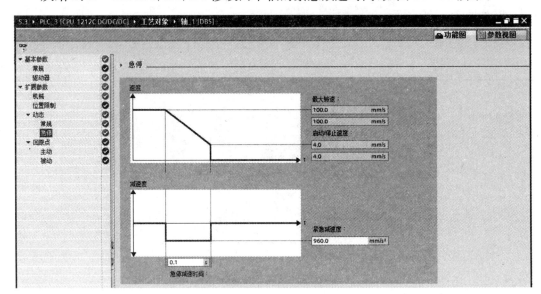

图 18 - 21　位移配置图 4

在 S7 - 1500 项目树下点击"PLC_1"→"程序块"→"添加新块"添加如图 18 - 22 所示函数块。

图 18 - 22　项目树

在 S7－1500 项目树下点击"PLC_1"→"PLC 变量"→"默认变量表"添加如图 18－23
所示变量。

SA1	默认变量表	Bool	%I0.0
SB1	默认变量表	Bool	%I0.1
SB2	默认变量表	Bool	%I0.2
SB3	默认变量表	Bool	%I0.3
SB4	默认变量表	Bool	%I0.4
SA2	默认变量表	Bool	%M700.0
M4	默认变量表	DWord	%MD604
M5	默认变量表	DWord	%MD608
HL1	默认变量表	DWord	%MD612
HL	默认变量表	DWord	%MD616
SQ4	默认变量表	Bool	%M900.0
SQ5	默认变量表	Bool	%M900.1
SQ1	默认变量表	Bool	%M900.2
SQ2	默认变量表	Bool	%M900.3
SQ3	默认变量表	Bool	%M900.4
SQ6	默认变量表	Bool	%M900.5
SA3	默认变量表	Bool	%M900.6
D11	默认变量表	Bool	%M902.1
D22	默认变量表	Bool	%M902.3
D2	默认变量表	Bool	%M902.4
M3	默认变量表	DWord	%MD804
P	默认变量表	DWord	%MD808
H1	默认变量表	DWord	%MD812
M1	默认变量表	DWord	%MD816
W1	默认变量表	Real	%MD820
S1	默认变量表	Real	%MD824
M11	默认变量表	DWord	%MD828
H2	默认变量表	DWord	%MD832
M2	默认变量表	DWord	%MD836
W2	默认变量表	Real	%MD840
S2	默认变量表	Real	%MD844
M22	默认变量表	DWord	%MD848

图 18－23　变量表

六、PLC 参考程序

S7 - 1500 和两台 S7 - 1200 通信程序，如图 18 - 24 所示。

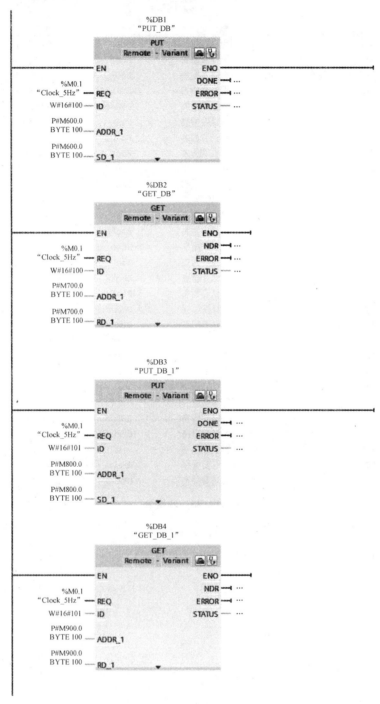

图 18 - 24　与另外两台通信

如图 18-25 所示，为程序初始化。

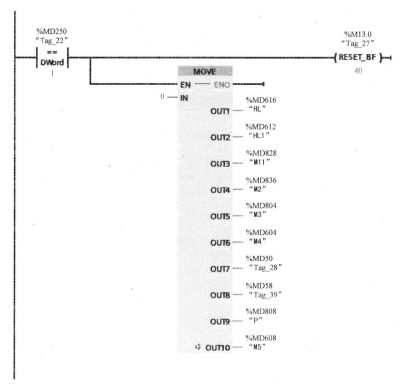

图 18-25 初始状态

如图 18-26 所示，调用子程序，每个子程序里面对应每个电机调试程序。

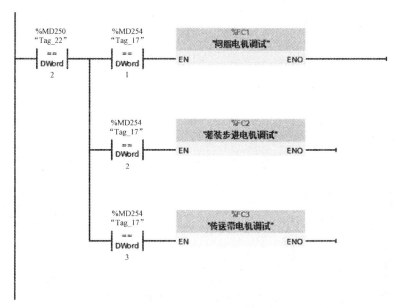

图 18-26 与另外两台通信

如图 18‐27 所示，为调用自动运行程序。

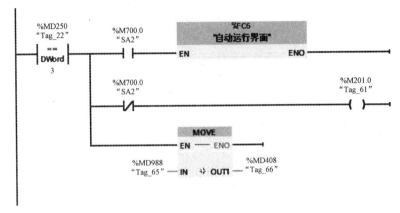

图 18‐27 自动运行程序

为触摸屏上每个电机运行指示灯，如图 18‐28 所示。

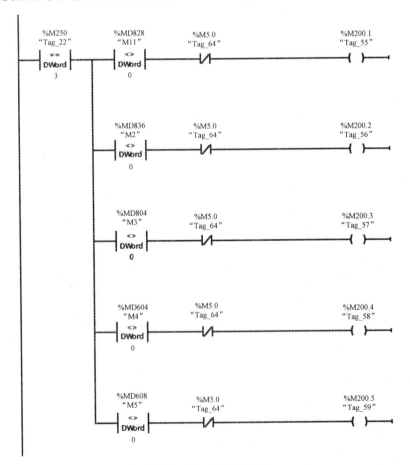

图 18‐28 指示灯程序

如图 18‐29 所示,为系统紧急停止程序。

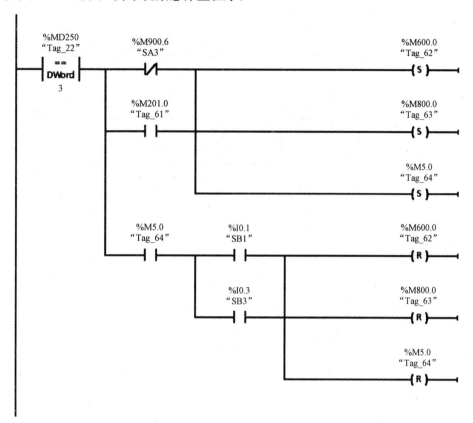

图 18‐29　紧急停止程序

如图 18‐30 所示,为调用通信测试子程序。

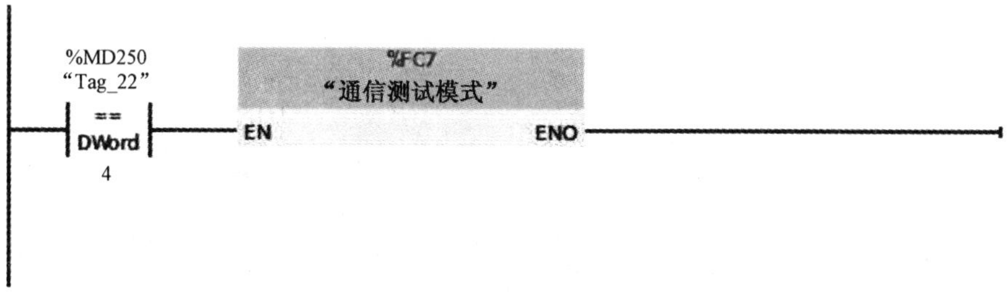

图 18‐30　调用通信测试程序

M1X 轴跟随电机调试程序，如图 18－31。

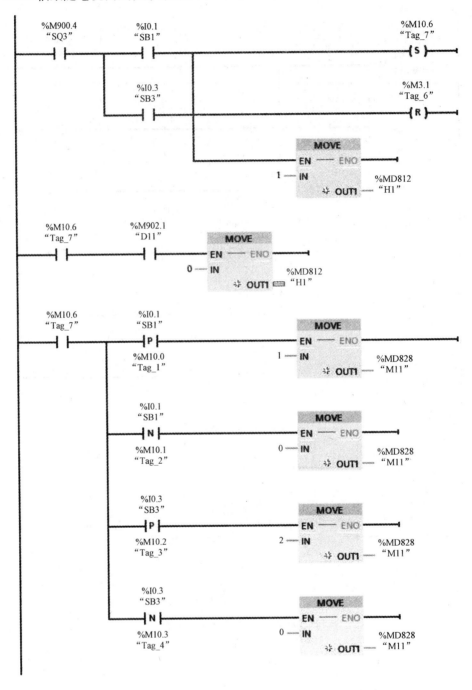

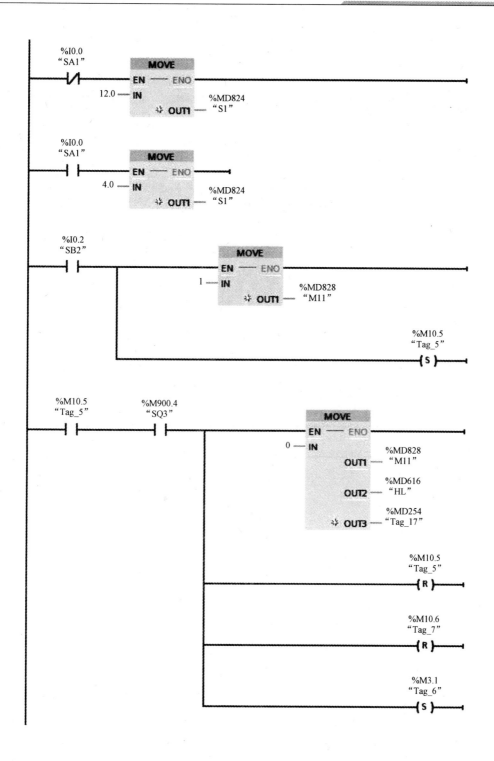

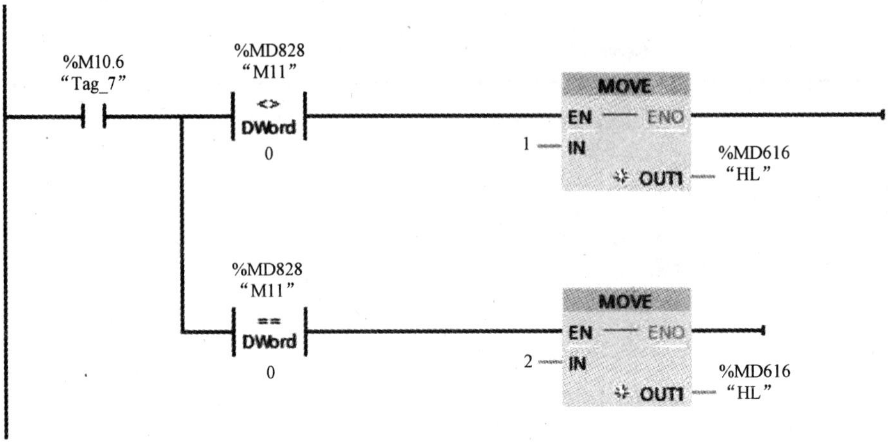

图 18-31 M1 电机调试

M2Y 轴灌装喷嘴电机调试程序,如图 18-32 所示。

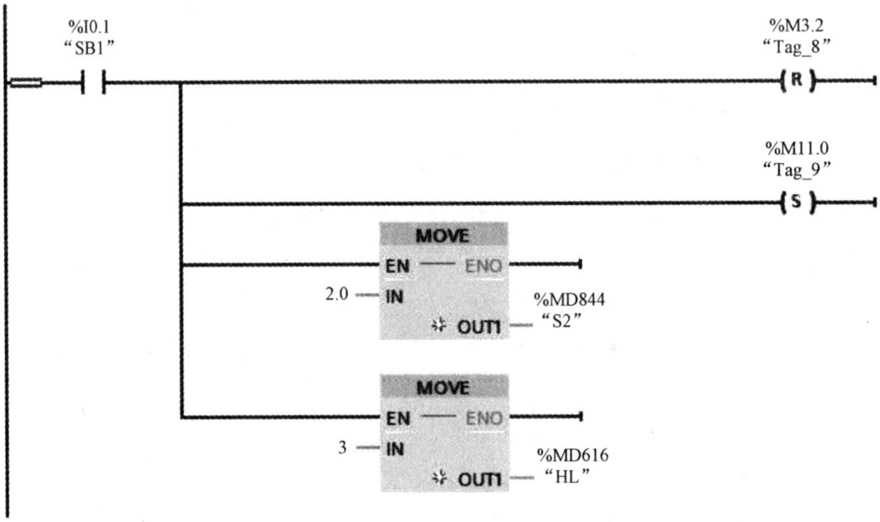

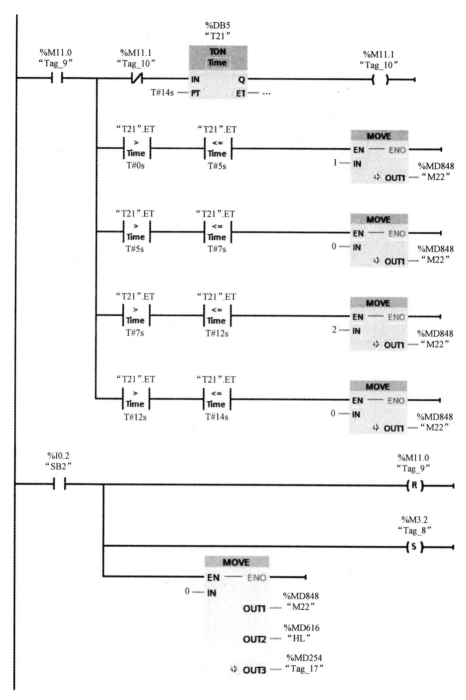

图 18-32　M2 电机调试

M3 主轴传送带电机调试程序，如图 18－33 所示。

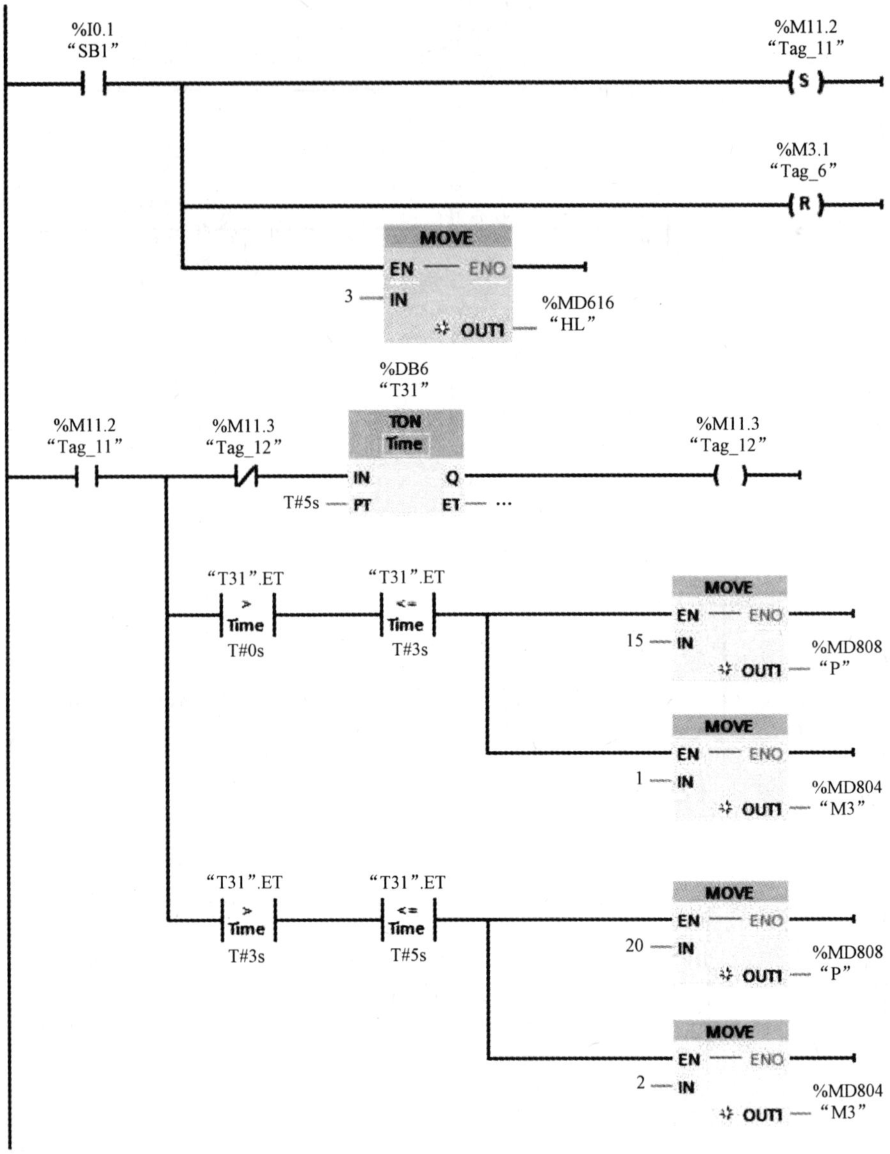

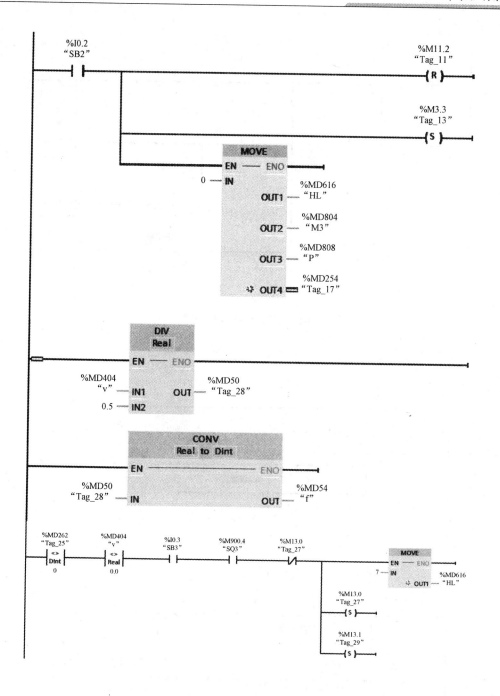

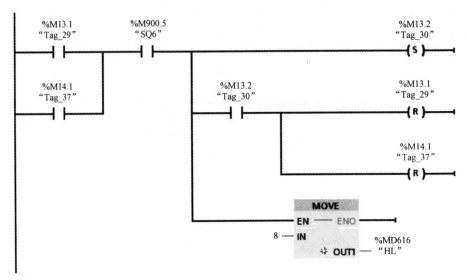

图 18 - 33　M3 电机调试

M4 正品传送带电机调试程序，如图 18 - 34 所示。

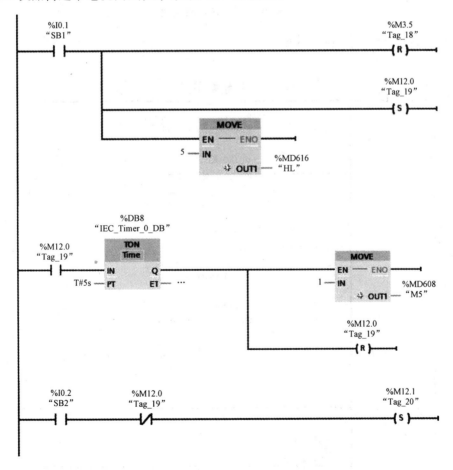

图 18-34 M4 电机调试

M5 次品传送带电机调试程序，如图 18-35 所示。

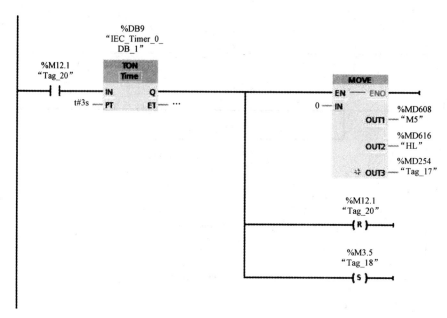

图 18 - 35　M5 电机调试

自动运行程序，如图 18 - 36 所示。

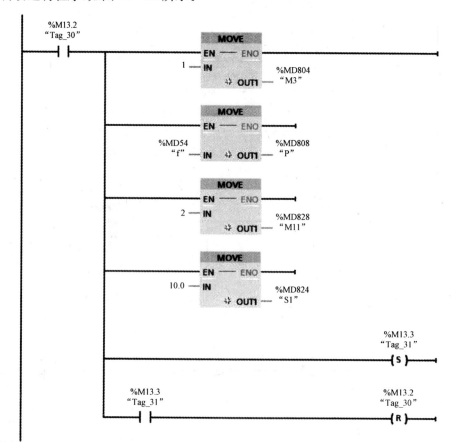

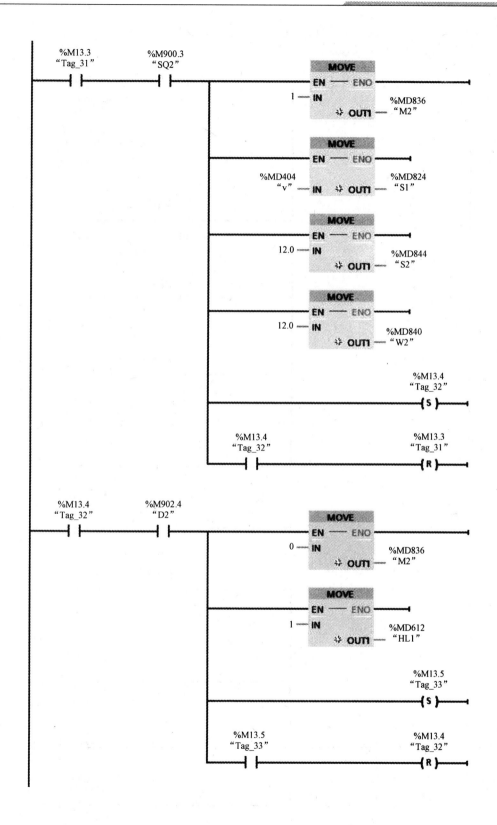

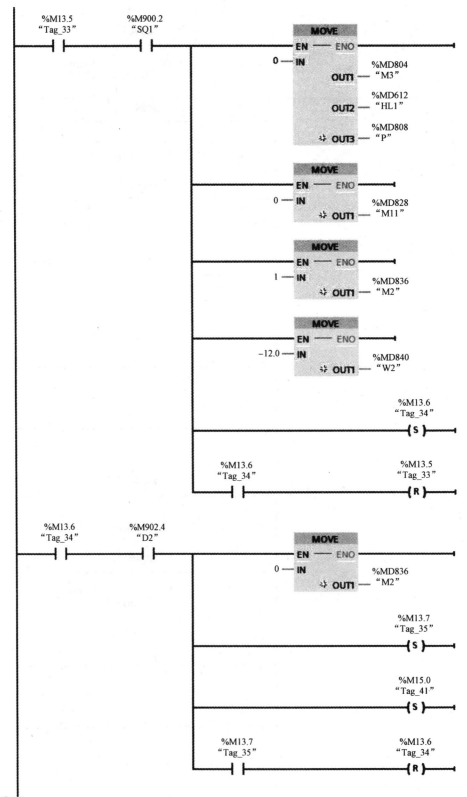

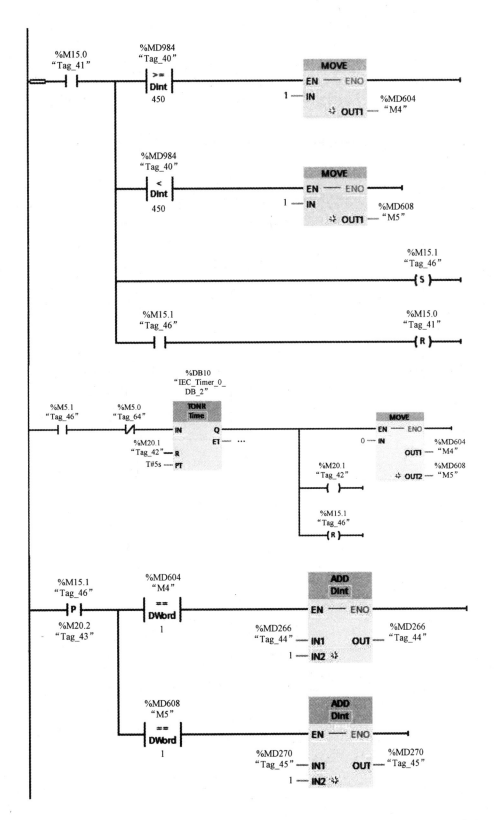

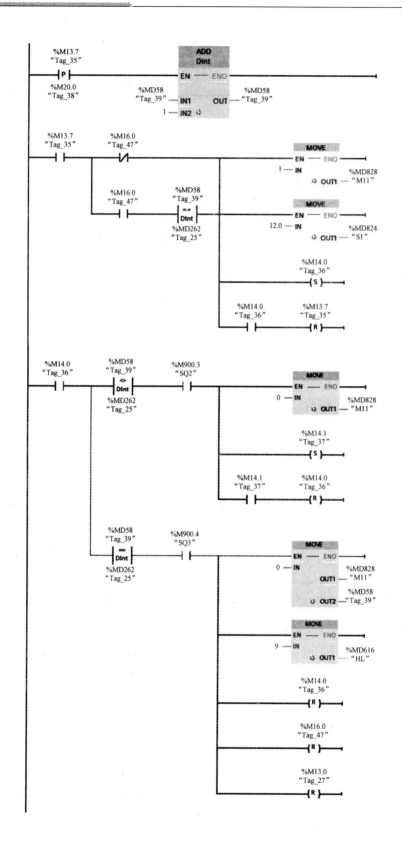

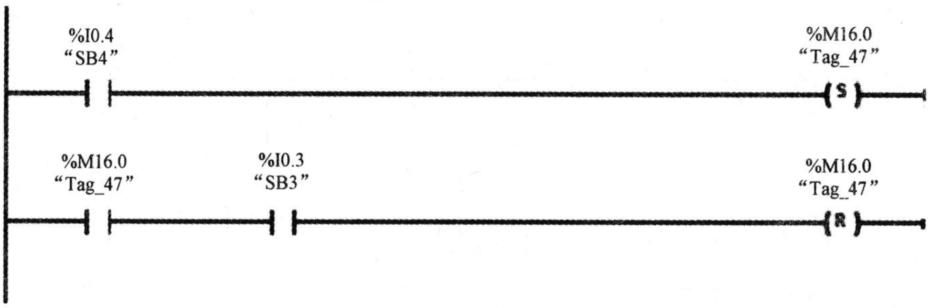

图 18 - 36　自动运行程序

通信测试程序,如图 18 - 37 所示。

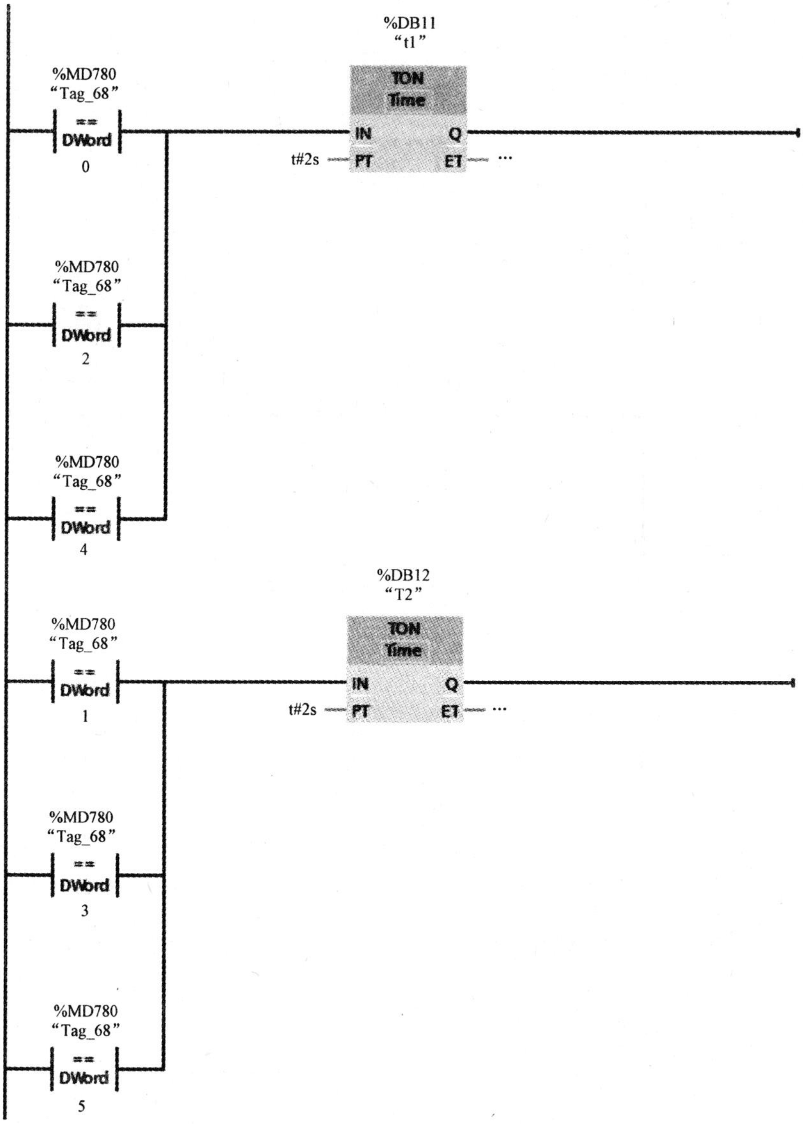

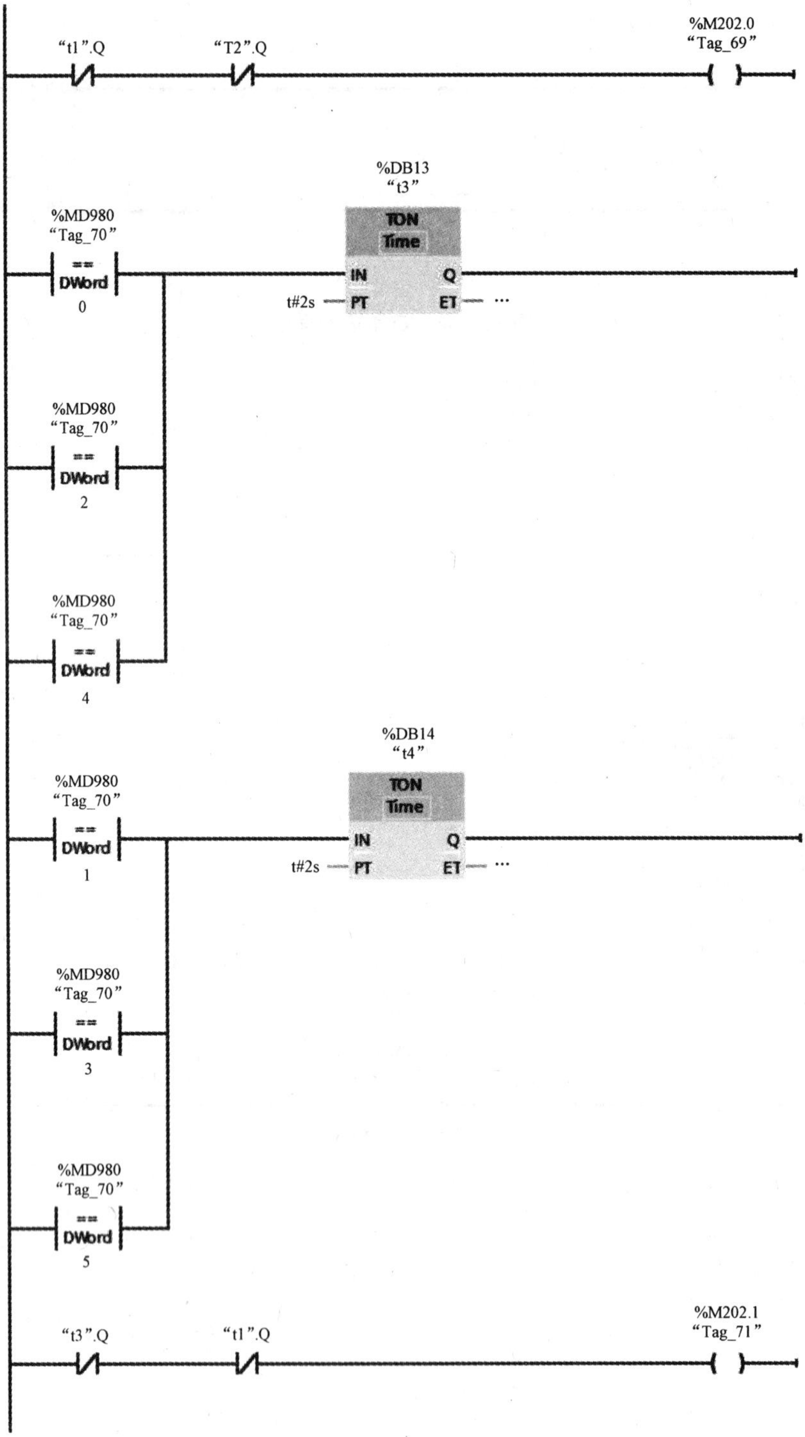
"t1".Q
"T2".Q
%M202.0
"Tag_69"
%DB13
"t3"
TON
Time
%MD980
"Tag_70"
==
DWord
0
IN
Q
t#2s
PT
ET
...
%MD980
"Tag_70"
==
DWord
2
%MD980
"Tag_70"
==
DWord
4
%DB14
"t4"
TON
Time
%MD980
"Tag_70"
==
DWord
1
IN
Q
t#2s
PT
ET
...
%MD980
"Tag_70"
==
DWord
3
%MD980
"Tag_70"
==
DWord
5
"t3".Q
"t1".Q
%M202.1
"Tag_71"

%I0.1
"SB1"
—| P |—

%M4.0
"Tag_72"

```
        ADD
        DInt
    EN      ENO
```

%MD82
"Tag_74" IN1

%MD82
OUT "Tag_74"

1 IN2

%MD82
"Tag_74"
—| == |—
  DInt
   1

```
        MOVE
    EN      ENO
1 — IN
       OUT1 —
```
%MD680
"Tag_75"

%MD82
"Tag_74"
—| == |—
  DInt
   2

```
        MOVE
    EN      ENO
1 — IN
       OUT1 —
```
%MD880
"Tag_76"

%DB15
"IEC_Timer_0_
DB_3"

%MD82
"Tag_74"
—| == |—
  DInt
   3

```
        TON
        Time
        IN      Q
t#2s — PT      ET — ...
```

```
        MOVE
    EN      ENO
0 — IN
       OUT1 —
       OUT2 —
       OUT3 —
```
%MD880
"Tag_76"
%MD680
"Tag_75"
%MD50
"Tag_28"

%MD258
"Tag_77"
—| == |—
  DWord
   1

%M0.5
"Clock_1Hz"
—| |—

%Q0.0
"Tag_78"
—( )—

%MD258
"Tag_77"
—| == |—
  DWord
   2

%MD258
"Tag_77"
—| == |—
  DWord
   3

%MD258
"Tag_77"
—| == |—
  DWord
   4

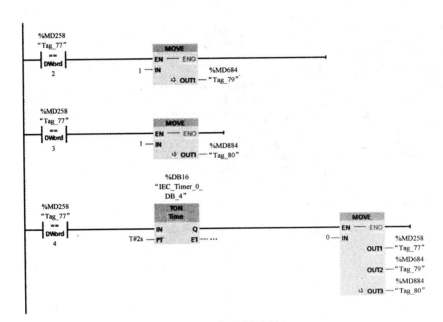

图 18-37　通信测试程序

从站 1：S7-1200AC/DC/RLY 程序，如图 18-38 所示。

```
         %MD680        %M0.3                                          %Q9.7
         "Tag_18"      "Colck_2Hz"                                    "Tag_19"
         ┤ == ├─────┬────┤ ├──────────────────────────────────────────( )────
          DWord      │
           1         │
                     │
         %MD684      │
         "Tag_20"    │
         ┤ == ├──────┘
          DWord
           2


         %I0.0                                                        %N700.0
         "Tag_1"                                                      "Tag_2"
         ──┤ ├──────────────────────────────────────────────────────( )────


         %MD604        %M600.0                                        %Q8.0
         "Tag_3"       "Tag_14"                                       "Tag_4"
         ┤ == ├─────────┤/├──────────────────────────────────────────( )────
          DWord
           1


         %MD608        %M600.0                                        %Q8.1
         "Tag_5"       "Tag_14"                                       "Tag_6"
         ┤ == ├─────────┤/├──────────────────────────────────────────( )────
          DWord
           1


         %MD612        %M0.3                                          %Q8.5
         "Tag_7"       "Clock_2Hz"                                    "Tag_8"
         ┤ == ├─────────┤ ├──────────────────────────────────────────( )────
          DWord
           1


         %MD616        %M0.3                                          %Q8.2
         "Tag_9"       "Clock_2Hz"                                    "Tag_10"
         ┤ == ├─────────┤ ├──────────┬───────────────────────────────( )────
          DWord                      │
           1                         │
                                     │
         %MD616                      │
         "Tag_9"                     │
         ┤ == ├──────────────────────┘
          DWord
           2
```

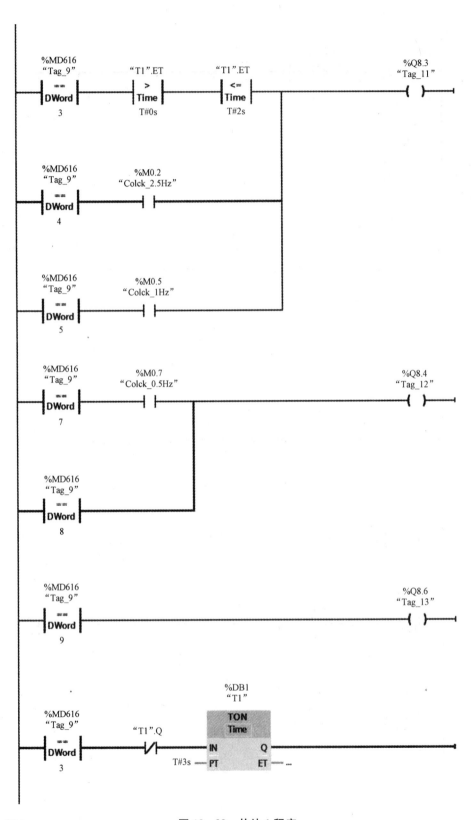

图 18 - 38 从站 1 程序

从站 2:S7 - 1200DC/DC/DC 程序,如图 18 - 39 所示。

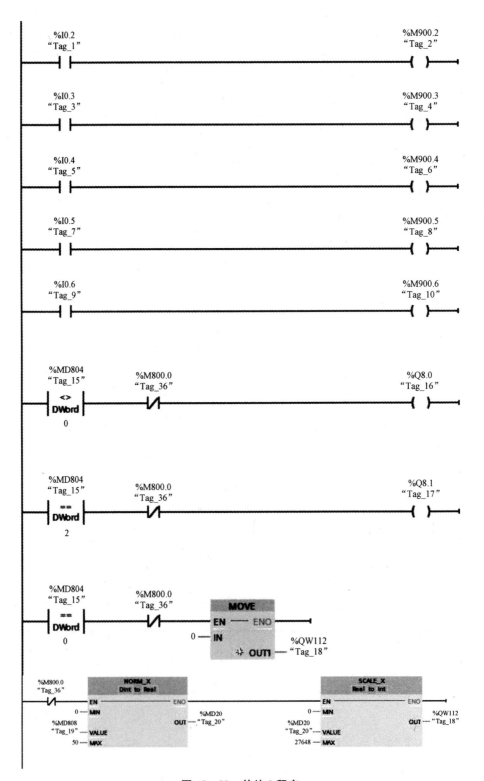

图 18-39 从站 2 程序

从站 2：S7 - 1200DC/DC/DC 伺服电机程序，如图 18 - 40 所示。

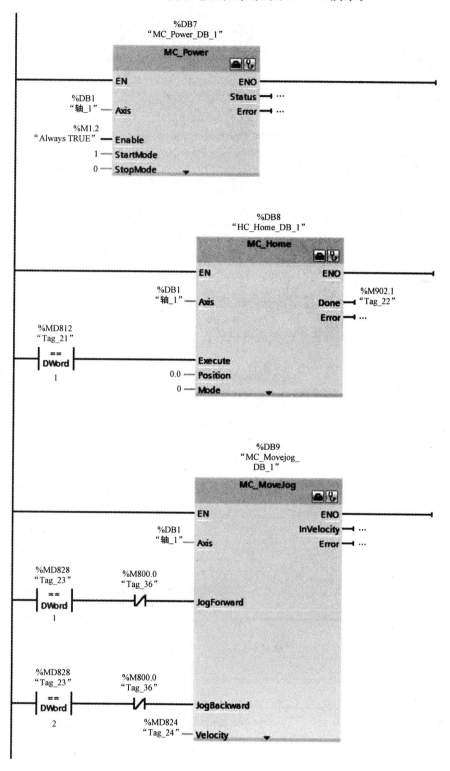

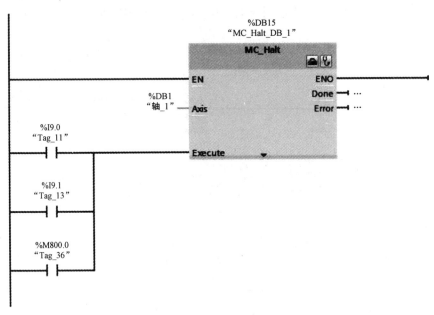

图 18-40　伺服电机程序

从站 2：S7-1200DC/DC/DC 步进电机程序，如图 18-41 所示。

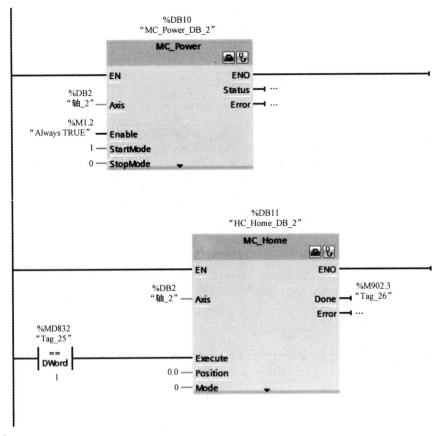

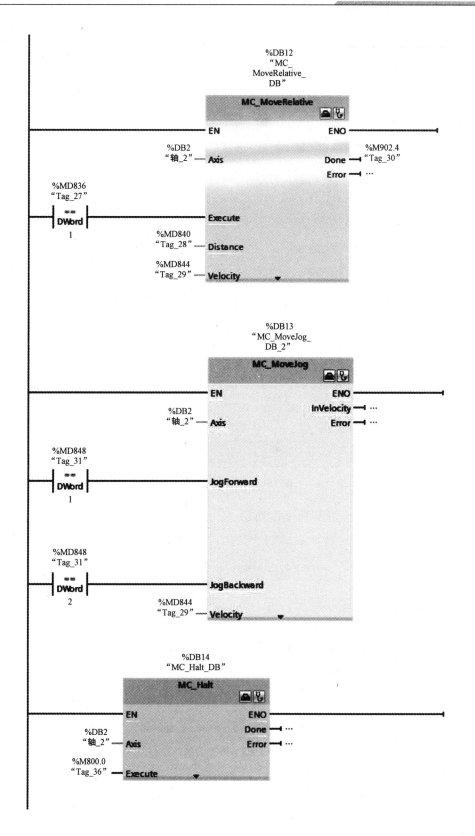

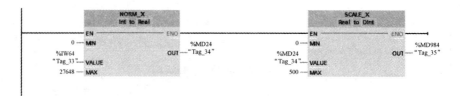

图 18‑41　步进电机程序

七、触摸屏组态

新建工程添加新设备,如图 18‑42 所示。

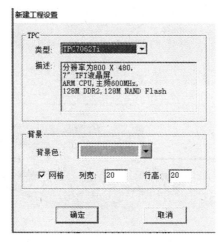

图 18‑42　新建工程

新建工程添加新设备,如图 18‑43 所示。

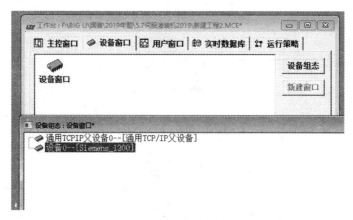

图 18‑43　添加设备

如图 18 - 44 所示,左下角"设备属性名"中的"本地 IP 地址"填写触摸屏的 IP 地址,"远端 IP 地址"填写 S7 - 1500PLC 的 IP 地址。右边为 PLC 和触摸屏的连接变量。

图 18 - 44　连接变量

用户窗口添加相应的窗口,如图 18 - 45 所示。

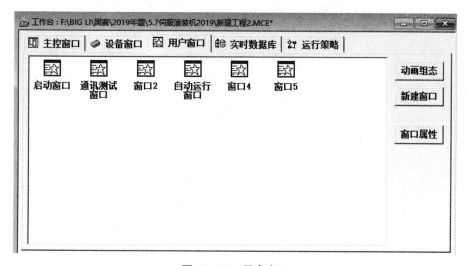

图 18 - 45　用户窗口

通信测试界面,如图18-46所示。

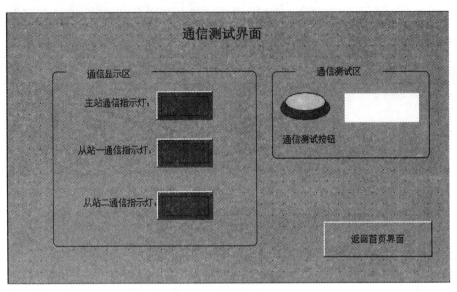

图18-46 通信测试界面

启动选择画面,如图18-47所示。

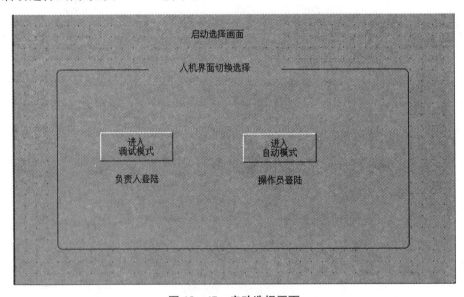

图18-47 启动选择画面

调试界面中可以选择调试电机进行调试,如图 18-48 所示。

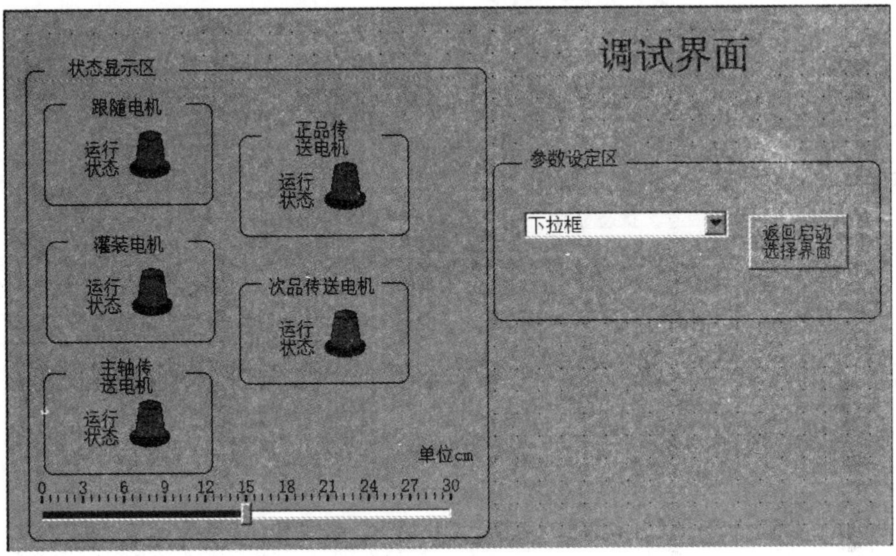

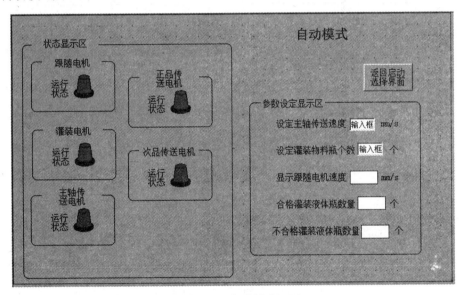

图 18-48　调试界面

自动模式界面中可以设定主轴传送速度和加工瓶子个数,如图 18-49 所示。

图 18-49　自动模式画面

八、西门子 MM420 变频器设置

变频器 BOP 面板按钮说明见表 18-2。

表 18-2　BOP 面板按钮说明

显示/按钮	功能	功能的说明
r0000	状态显示	LCD 显示变频器当前的设定值。
I	起动变频器	按此键起动变频器。缺省值运行时此键是被封锁的。为了使此键的操作有效,应设定 P0700=1。
0	停止变频器	OFF1:按此键,变频器将按选定的斜坡下降速率减速停车,缺省值运行时此键被封锁:为了允许此键操作,应设定 P0700=1。 OFF2:按此键两次(或一次,但时间较长)电动机将在惯性作用下自由停车,此功能总是"使能"的。
↻	改变电动机的转动方向	按此键可以改变电动机的转动方向。电动机的反向用负号(—)表示或用闪烁的小数点表示。缺省值运行时此键是被封锁的,为了使此键的操作有效,应设定 P0700=1。
jog	电动机点动	在变频器无输出的情况下按此键,将使电动机起动,并按预设定的点动频率运行。释放此键时,变频器停车,如果变频器/电动机正在运行,按此键将不起作用。
Fn	功能	此键用于浏览辅助信息。 变频器运行过程中,在显示任何一个参数时按下此键并保持不动 2 s,将显示以下参数值(在变频器运行中,从任何一个参数开始): 1. 直流回路电压(用 d 表示,单位:V)。 2. 输出电流(A)。 3. 输出频率(Hz)。 4. 输出电压(用 o 表示,单位:V)。 5. 由 P0005 选定的数值[如果 P0005 选择显示上述参数中的任何一个(3,4,或 5),这里将不再显示]。 连续多次按下此键,将轮流显示以上参数。 跳转功能:在显示任何一个参数(rXXXX 或 PXXXX)时短时间按下此键,将立即跳转到 r0000,如果需要的话,您可以接着修改其他的参数。跳转到 r0000 后,按此键将返回原来的显示点。
P	访问参数	按此键即可访问参数。

（续表）

显示/按钮	功能	功能的说明
▲	增加数值	按此键即可增加面板上显示的参数数值。
▼	减少数值	按此键即可减少面板上显示的参数数值。

根据表 18 - 3 中参数依次进行设定。

表 18 - 3　参数设定

变频器参数	设定值	功能说明	备注
P10	30	组合参数用于恢复出厂设置	参数复位需等待片刻
P970	1		
P10	1	进入调试模式	
P0100	0	选择工作地	0 欧洲 50 Hz
P0304	根据电机铭牌配置	电机额定电压	
P0305	根据电机铭牌配置	电机额定电流	
P307	根据电机铭牌配置	电机额定功率	
P310	根据电机铭牌配置	电机额定频率	
P0311	根据电机铭牌配置	电机额定转速	4 级电机＝1 480 6 级电机＝980 2 级电机＝1 980
P700	2	选择命令源	有端子排输入
P1000	2	模拟量输入	
P1120	1 s	斜坡上升时间	
P1121	1 s	斜坡下降时间	
P0010	0	退出调试模式	
P3	2	访问级	允许访问扩展参数
P701	1	ON/OFF	接通正转/停车命令 1
P756	0	模拟量输入类型	0 至 10 V

九、项目录入视频

扫一扫见"伺服灌装控制系统"视频

参考文献

［1］陈亚林. PLC、变频器和触摸屏实践教程［M］. 第 2 版. 南京：南京大学出版社，2014.

［2］廖常初. PLC 编程及应用［M］. 第 2 版. 北京：机械工业出版社，2007.

［3］西门子（中国）有限公司. S7－1200 V4.2 系统手册.

［4］西门子（中国）有限公司. ET 200S 设备手册.

［5］西门子（中国）有限公司. 西门子使用 STEP 7 V14 组态 PROFINET 功能手册.

［6］西门子（中国）有限公司. 西门子 G120C 变频器手册.

［7］http://www.ad.siemens.com.cn/download/HomePage.aspx.